精品蔬菜生产技术丛书

多年生精品蔬菜

（第二版）

陈国元　主编

江苏凤凰科学技术出版社 · 南京

图书在版编目（CIP）数据

多年生精品蔬菜 / 陈国元主编. — 2版. — 南京：
江苏凤凰科学技术出版社, 2023.3
（精品蔬菜生产技术丛书）
ISBN 978-7-5713-3191-7

Ⅰ.①多… Ⅱ.①陈… Ⅲ.①蔬菜园艺 Ⅳ.①S63

中国版本图书馆CIP数据核字(2022)第158050号

精品蔬菜生产技术丛书

多年生精品蔬菜

主　　　编	陈国元	
责 任 编 辑	韩沛华　　张小平	
责 任 校 对	仲　敏	
责 任 监 制	刘文洋	

出 版 发 行	江苏凤凰科学技术出版社
出版社地址	南京市湖南路1号A楼，邮编：210009
出版社网址	http://www.pspress.cn
照　　　排	江苏凤凰制版有限公司
印　　　刷	南京新世纪联盟印务有限公司

开　　　本	880 mm × 1 240 mm　1/32
印　　　张	4.875
字　　　数	102 000
版　　　次	2023年3月第2版
印　　　次	2023年3月第1次印刷

标 准 书 号	ISBN 978-7-5713-3191-7
定　　　价	30.00元

图书如有印装质量问题，可随时向我社印务部调换。

致读者

社会主义的根本任务是发展生产力，而社会生产力的发展必须依靠科学技术。当今世界已进入新科技革命的时代，科学技术的进步已成为经济发展，社会进步和国家富强的决定因素，也是实现我国社会主义现代化的关键。

科技出版工作肩负着促进科技进步，推动科学技术转化为生产力的历史使命。为了更好地贯彻党中央提出的"把经济建设转到依靠科技进步和提高劳动者素质的轨道上来"的战略决策，进一步落实中共江苏省委，江苏省人民政府作出的"科教兴省"的决定，江苏凤凰科学技术出版社有限公司(原江苏科学技术出版社)于1988年倡议筹建江苏省科技著作出版基金。在江苏省人民政府、江苏省委宣传部、江苏省科学技术厅(原江苏省科学技术委员会)、江苏省新闻出版局负责同志和有关单位的大力支持下，经江苏省人民政府批准，由江苏省科学技术厅(原江苏省科学技术委员会)、凤凰出版传媒集团(原江苏省出版总社)和江苏凤凰科学技术出版社有限公司(原江苏科学技术出版社)共同筹集,于1990年正式建立了"江苏省金陵科技著作出版基金"，用于资助自然科学范围内符合条件的优秀科技著作的出版。

我们希望江苏省金陵科技著作出版基金的持续运作,能为优秀科技著作在江苏省及时出版创造条件，并通过出版工作这一平台，落实"科教兴省"战略，充分发挥科学技术作为第一生产力的作用，为全面建成更高水平的小康社会、为江苏的"两个率先"宏伟目标早日实现，促进科技出版事业的发展，促进经济社会的进步与繁荣做出贡献。建立出版基金是社会主义出版工作在改革发展中新的发展机制和新的模式，期待得到各方面的热情扶持，更希望通过多种途径不断扩大。我们也将在实践中不断总结经验，使基金工作逐步完善，让更多优秀科技著作的出版能得到基金的支持和帮助。这批获得江苏省金陵科技著作出版基金资助的科技著作，还得到了参加项目评审工作的专家、学者的大力支持。对他们的辛勤工作，在此一并表示衷心感谢！

江苏省金陵科技著作出版基金管理委员会

"精品蔬菜生产技术丛书"编委会

第一版

主　　任　侯喜林　吴志行

编　　委（各书第一作者，以姓氏笔画为序）

　　　　　刘卫东　吴志行　陈沁斌　陈国元

　　　　　张建文　易金鑫　周黎丽　侯喜林

　　　　　顾峻德　鲍忠洲　潘跃平

第二版

主　　任　侯喜林　吴　震

编　　委（各书第一作者，以姓氏笔画为序）

　　　　　马志虎　王建军　孙菲菲　江解增

　　　　　吴　震　陈国元　赵统敏　柳李旺

　　　　　侯喜林　章　泳　戴忠良

序（第一版）

    蔬菜是人们日常生活中不可缺少的副食品。随着人民生活质量的不断提高及健康意识的增强，人们对"无公害蔬菜""绿色蔬菜""有机蔬菜"需求迫切，极大地促进了我国蔬菜产业的迅速发展。2002年全国蔬菜播种面积达1 970万公顷，总产量60 331万吨，人均年占有量480千克，是世界人均年占有量的3倍多；蔬菜总产值在种植业中仅次于粮食，位居第二，年出口创汇26.3亿美元。蔬菜已经成为农民致富、农业增收、农产品创汇中的支柱产业。

    今后发展蔬菜生产的根本出路在于发展外贸型蔬菜，参与国际竞争。因此，蔬菜生产必须增加花色品种，提高蔬菜品质，重视蔬菜生产中的安全卫生标准，发展蔬菜贮藏、加工、包装、运输。以企业为龙头，发展精品蔬菜，以适应外贸出口及国内市场竞争的需要。

    为了适应农业产业结构的调整，发展精品蔬菜，并提高蔬菜质量，南京农业大学和江苏科学技术出版社共同组织园艺学院、江苏省农业科学院、南京市农林局、南京市蔬菜科学研究所、金陵科技学院、苏州农业职业技术学院、苏州市蔬菜研究所、常州市蔬菜研究所、连云港市蔬菜研究所等单位的专家、教授编写了"精品蔬菜生产技术丛书"。丛书共11册，收录了100多种品质优良、营养丰富、附加值高的名特优新蔬菜品种，介绍了优质、高产、高效、安全生产关键技术。本丛书深入浅出，通俗易懂，指导性、实用性强，既可以作为农村科技人员的培训教材，也是一套有价值的教学参考书，更是广大基层蔬菜技术推广人员和菜农的生产实践指南。

侯喜林

2004年8月

序（第二版）

蔬菜是人们膳食结构中极为重要的组成部分，中国人尤其喜食新鲜蔬菜。从营养学的角度看，蔬菜的营养功能主要是供给人体所必需的多种维生素、膳食纤维、矿物质、酶以及一部分热能和蛋白质；还能帮助消化、改善血液循环等。它还有一项重要的功能是调节人体酸碱平衡、增强机体免疫力，这一功能是其他食物难以替代的。健康人的体液应该呈弱碱性，pH值为7.35~7.45。蔬菜，尤其是绿叶蔬菜都属于碱性食物，可以中和人体内大量的酸性食物，如肉类、淀粉类食物。建议成人每天食用优质蔬菜300克以上。

我国既是蔬菜生产大国，又是蔬菜消费大国，蔬菜的种植面积和产量均呈上升态势。2021年，我国蔬菜种植面积约3.28亿亩，产量约为7.67亿吨。随着人们对健康生活的重视，对于绿色、有机蔬菜的需求日益增加，蔬菜在保障市场供应、促进农业结构的调整、优化居民的饮食结构、增加农民收入、提高人民生活水平等方面发挥了重要作用。

蔬菜生产是保障市场稳定供应的基础。具有规模蔬菜种植基地的家庭农场（含个体生产经营者）、农民专业合作社、生产经营企业等，是蔬菜生产的基本单元，也是蔬菜产业的基础和源头。因此，蔬菜生产必须增加花色品种，提高蔬菜品质，注重生产过程中的安全卫生标准，同时加强蔬菜储存、加工、包装和运输。在优势产区和大中城市郊区，重点加强菜地基础设施建设，着重于品种选育、集约化育苗、田头预冷等关键环节，加大科技创新和推广力度，健全生产信息监测体系，壮大农民专业合作组织，促进蔬菜生产发展，提高综合生产能力。

"精品蔬菜生产技术丛书"自2004年12月出版以来，深受市场欢迎，历经多次重印，且被教育部评为高等学校科学研究优秀成果奖科学技术进步奖(科普类)二等奖。为了适应农业产业结构的调整，发展精品蔬菜，并提高蔬菜产品质量，满足广大读者需求，南京农业大学和江苏凤凰科学技术出版社共同组织江苏省农业科学院、南京市蔬菜科学研究所、苏州农业职业技术学院等单位的专家对"精品蔬菜生产技术丛书"进行再版。丛书第二版共11册，收录了100多种品质优良、营养丰富、附加值高的名特优新蔬菜品种，介绍了优质、高产、高效、安全生产关键技术。本丛书语言简明通俗，兼具实用性和指导性，既可以作为农村科技人员的培训教材，也是一套有价值的教学参考书，更是广大基层蔬菜技术推广人员和菜农的生产实践指南。

农业农村部华东地区园艺作物生物学与种质创制重点实验室主任
园艺作物种质创新与利用教育部工程研究中心主任
南京农业大学"钟山学者计划"特聘教授、博士生导师
蔬菜学国家重点学科带头人

侯喜林
2022年10月

前 言

　　本书在"精品蔬菜生产技术丛书"第一版的基础上精选了目前江苏省蔬菜生产上常见的6个多年生蔬菜种类，经精简提炼，并配以图片后编写而成的。该书力求文字简洁，图片形象直观，能增强读者的阅读兴趣，同时也让读者更加容易理解，能够学以致用。

　　本书的竹笋部分由苏州农业职业技术学院王镇博士，香椿部分由苏州农业职业技术学院陈素娟教授和陈国元教授，芦笋部分由苏州农业职业技术学院庞欣博士和陈素娟教授，金针菜部分由宿迁市农业科学研究院周玲玲副研究员，百合部分由苏州农业职业技术学院马运涛副教授，枸杞部分由苏州农业职业技术学院陈国元教授和吴松芹讲师共同编写完成。为完成编写工作，大家分赴宿迁、宜兴、溧阳等地进行实地调研，付出了大量的心血，在此深表感谢。

　　本书在编写过程中，宿迁市农业科学研究院、宜兴市张渚镇农业服务中心、宜兴市兆丰紫心山芋专业合作社、北京农科院种业科技有限公司、北京先农科芦笋研发中心等单位，提供了图片、生产操作演示和实物等，为本书的顺利完成做出极大的贡献；本书由苏州农业职业技术学院陈素娟教授审稿并提出了宝贵的修改意见，在此一并表示感谢。

　　由于栽培区域、栽培季节等多方面的因素，对于资料的收集还不够全面，书中难免会出现不足，在此也恳请专家和同行们多提宝贵意见。

陈国元

2023年1月

目　录

一、竹笋

竹笋是禾本科竹亚科多年生竹子的肥嫩短壮幼芽（图1-1），主要产于我国南方，尤以珠江及长江流域分布最广，品种资源最丰富，栽培面积最大。

竹笋是我国的传统蔬菜，营养丰富，味道鲜美，深受人们的喜爱，自古以来，被人们誉为"保健食品"（图1-2，图1-3）。竹笋蛋白质含量高，脂肪和淀粉含量低，适合肥胖症、高血压和心血管疾病及糖尿病患者食用；竹笋中丰富的纤维素能促进肠道蠕动，防止便秘。唐代孙思邈在《千金要方》中有"竹笋，味甘、微寒、无毒，主消渴，利水道，可久食"的记载。

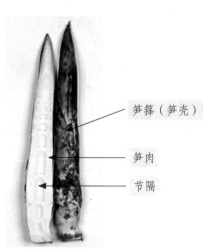

笋籜（笋壳）

笋肉

节隔

图1-1 竹笋食用器官示意图

图1-2 竹笋美食示意图

图1-3 竹笋产品示意图

（一）生物学特性

1.植物学性状

竹的地上部包括竿、枝、叶、花、果，地下部有地下茎和根。竹笋是竹短缩肥大的芽，它的外表包着坚韧的笋箨（笋壳），内部柔嫩的笋肉、节隔和笋壳为可食部分。下面以毛竹（散生竹类型）为例，简单介绍竹子的形态结构。

（1）地下茎（竹鞭）　　毛竹地下茎为单轴型，横走地下，竹鞭有节，各节上所生须根称为鞭根（图1-4）。节侧有芽，交互排列，有的芽抽生成新鞭在土壤中蔓延生长；有的芽发育成笋，出土后继续生长成竹。竹鞭多数分布在10～40厘米的土层中。慈竹属、簕竹属、牡竹属的竹种，地下茎为合轴型；苦竹属、赤竹属、方竹属的竹种，地下茎为复轴型。

竹节

须根

地下茎

交互生长的芽

图1-4　毛竹地下茎示意图

竹鞭由鞭柄、鞭身、鞭梢三部分组成。鞭柄是子鞭和母鞭的连接部分，15～20节，长3～7厘米，实心、无芽，不生根。鞭身是竹鞭的主体，中空，横剖面椭圆形，每节皆具鞭根，通过鞭根吸收水分和养分。每节侧生一芽，可抽鞭或发笋，鞭芽一侧有芽沟（图1-5）。鞭梢即通常所说的鞭笋，是鞭身的先端，是竹鞭之生长部位，被坚硬的鞭箨包裹，有较强的穿透力，在疏松的土壤中，一年可生长4～5米。

芽沟

鞭芽

图1-5 鞭芽示意图

（2）**竹竿**　竹竿是毛竹的主体，由竿柄、竿基、竿茎构成（图1-6）。

竿柄位于竹竿的最下部，与母竹的竿基或竹鞭相连，细小短缩，不生根，连通新竹与母竹水分和养分的输导。

竿基位于竿柄与竿茎之间，是竹竿入土生根部分，节间短缩粗大，由数节至10多节组成，各节密生须根，也称为竹根。竿基是竹工艺品的好材料。

图1-6　竹竿示意图

竿茎是竹竿的地上部分，高8～15米，胸径6～20厘米，圆柱形，中空，有节，节上有芽，可萌发成枝。每节由两个环组成，上环称为竿环，下环称为箨环，两环之间为节内，两节之间称为节间，相邻两节间有一木质横隔，称为节隔（图1-7）。

图1-7　竿茎示意图

（3）竹枝 由竹茎节上的芽萌发而成，毛竹（刚竹属）每节上侧生2条枝，各节竹枝交互排列（图1-8）。慈竹属和籁竹属的竹种每节上能抽生多个枝，且易产生不定根，可供扦插繁殖。

竹节

竹枝

竹枝交互排列

图1-8 毛竹枝示意图

（4）叶 叶是毛竹进行光合作用的重要器官，由叶鞘和叶片两部分组成（图1-9）。叶的大小、形状、色泽等因竹的种类而异，受环境条件的影响而发生变化。一年生新叶，生长到第二年5—6月，变黄、枯落，重新发生新叶。一年生以上的竹，每两年换一次叶。新叶生长旺盛，深绿色，老叶黄绿色。

图1-9　竹叶示意图

（5）竹笋　竹笋是竹竿的雏形，是一个短缩肥大的芽。从竹笋的纵切面可见，它中部有紧密排列的横隔；笋肉被竹箨紧紧包裹着（图1-1，图1-10）。竹箨由箨鞘、箨舌、箨耳和箨叶组成，是退化的叶，起着保护节间生长的作用。当笋长成竹子后，笋壳很快脱落。但有些竹种则不脱落，留在竿茎上慢慢枯烂，如条竹属的竹种。

图1-10　竹笋破土示意图

（6）花和果 毛竹很少开花，一生只开一次，是其成熟和衰老的标志（图1-11）。毛竹花期在5—8月，8—10月种子成熟。毛竹花穗状，花淡黄，种子为细长的颖果，成熟后易脱落。当年采收的毛竹种子发芽率在50% ~ 70%，贮藏一年以后几乎失去发芽力。

图1-11 毛竹花示意图

2. 竹子的生长发育

竹子的生长发育大致可分为发芽阶段、幼苗阶段和开花结果阶段。

（1）发芽阶段 从种子萌动到幼苗出土。种子萌动要求有20 ℃以上的温度和一定的湿度条件。

（2）幼苗阶段 出苗后7天左右，在离地面1厘米左右展开第一叶。由于该叶与随后发生的叶在大小和形状方面都不同，故又称原叶，幼苗称为实生苗。实生苗高度20厘米左右，基部3 ~ 4节节间伸长显露，其余各节被叶鞘包被。当实生苗达到一定高度时，侧芽开始萌发成分蘗苗，一年内可分蘗4 ~ 6次，形成小株丛，同时分蘗苗一次比一次粗壮（图1-12）。2年以后，丛生竹苗继续保持基部侧芽萌发出笋的习性，个体逐代增高增粗，竹林不断扩大。散生竹苗则经历丛生和混生两个阶段，最后进入散生状态，竹株逐代增高增粗，最后发育成林。与此同时鞭系不断扩展，健壮竹鞭上的健壮侧芽逐渐膨大，形成竹笋。

图1-12　小株丛示意图

（3）开花结果阶段　不同种类的竹子，其开花结果习性有
很大差异，如毛竹一生只开一次花，开花后竹林成片枯黄死亡；
麻竹、哺鸡竹等有多次开花结果的习性；籟竹属则几乎不开花。

3. 竹对环境条件的要求

竹对环境条件的要求详见表1-1。

表1-1　竹对环境条件的要求

环境条件	要求
温度	原产热带、亚热带，喜温怕冷。毛竹生长需在年平均温度14～20℃的范围内，以16～17℃为适宜温度，夏季的平均温度在30℃以下，冬季平均温度在4℃以上。麻竹、绿竹等丛生竹要求平均温度在18℃以上，1月平均温度在10℃左右，0℃左右受冻害
水分	根系入土较浅，不耐干旱，而枝叶繁茂，水分蒸腾量大，故要求湿润的环境。干旱严重抑制营养生长而促进生殖生长，故大旱之后常会引起大片竹子开花现象

环境条件	要求
土壤条件	需要土层深厚、质地疏松、肥沃湿润、排水良好的土壤。最适宜的土壤pH值为4.5～7。土层浅、石砾多、土质过黏、土壤板结等都不利于竹的生长，影响笋的产量

（二）类型与品种

我国是世界上竹类资源最丰富的国家之一，仅笋用竹就有200种以上。竹根据地上茎生长习性和竹竿在地面上的分布状况可分为散生型、丛生型和混生型；根据采笋的季节可分为春笋、冬笋和鞭笋。

1. 竹笋的类型

根据地上茎生长习性和竹竿在地面上的分布状况分类：

（1）散生型 竹竿疏散分布，地下茎（竹鞭）细长，在土表下以水平方向蔓延。竹鞭上的侧芽，部分生长成笋，笋穿出土面继续生长，形成竹竿和枝叶；部分生长成新鞭。散生型主要包括刚竹属和唐竹属等，例如毛竹、哺鸡竹、早竹等笋用竹（图1-13）。

图1-13 散生型竹竿（毛竹）

（2）**丛生型**　地下茎节密且粗短，不能在土下作长距离蔓延，其顶芽出土成笋或长成竹竿。新竹竿基部的大芽再抽生粗短的地下茎，同样地顶芽出土成笋或长成竹竿，新竹竿靠近老竹竿，形成密集丛生状的竹丛。丛生型包括慈竹属和籁竹属等，例如麻竹、绿竹和籁竹等笋用竹（图1-14）。

图1-14　麻竹笋

（3）**混生型**　地下茎兼有细长竹鞭和短缩粗大两种，竹竿分布既有丛生型的特征又有散生型的特征。混生型包括苦竹属（图1-15）、方竹属、赤竹属等竹种，例如慧竹。

图1-15　苦竹笋

根据竹笋采收季节分类，分为冬笋（指尚未出土的竹笋，一般在农历十月上市）、春笋（指立春前后破土而出的笋）及鞭笋（夏季和秋季生长在泥土里的竹鞭梢）三大类（图1-16）。

图1-16　春笋（左）、冬笋（右）示例

2. 优良品种

（1）毛竹笋　又称孟宗竹笋、南竹笋、毛笋等。春笋为圆锥形，甚肥大，笋肉白色，食味中等，质脆，单笋重1.5～2.5千克。亩可产200～350千克。毛竹笋主产于江苏、浙江、安徽、上海、福建、江西等地。

（2）早竹笋　又名早笋，因竹笋出土早而得名。适度采收的早笋呈锥形，先端尖至钝尖，基部直径3厘米，单笋重150～300克（图1-17）。笋肉白色略带淡黄，肉质脆，味甘美，含水分多。3月中下旬为收获初期，4月上中旬为盛期，4月下旬至5月上旬为末期，历时长达45～50天。亩产600～750千克，高者达1 500千克。早竹笋主产于浙江、江苏、江西、上海等地。

图 1-17　早竹笋示意图

（3）哺鸡笋　哺鸡笋包括乌哺鸡笋、白哺鸡笋和红哺鸡笋等（图 1-18）。笋呈锥形，长 27 ~ 35 厘米，基部直径 4 ~ 5 厘米，单笋重乌哺鸡笋 400 ~ 500 克，白哺鸡笋和红哺鸡笋 200 ~ 250 克。笋箨淡黄或淡红色，泥土下笋箨为淡红白色。笋肉白至黄白色，笋体可食部分占 56%~59%，笋质脆，味甜，含水量高，多于 4 月上中旬至 5 月收获，亩产 500 ~ 750 千克，最高达到 1 150 千克。

图 1-18　哺鸡笋示意图

（4）淡竹笋　笋形细长，先端尖。长约 30 厘米，基部直径 4 厘米，单笋重 100 ~ 175 克。笋箨淡紫红色（土下部为黄白色），基部有一圈细柔毛，其余无毛，密被褐色斑点至斑块。肉质稍硬，味甘淡，故名淡竹，笋体可食部分占 53%。4 月中下旬为收获初期，4 月底为盛期，5 月上中旬为末期，历时 30 天左右。亩产 350 ~ 500 千克，最高达 750 千克。淡竹笋主产于浙江、江苏、安徽南部等地。

（5）水竹笋　单株笋重 50 ~ 100 克。笋箨绿色，具紫色、红色脉纹，无毛和斑点，偶见疏毛。笋肉黄白色或黄绿色，笋体可食部分占 58%，质脆味淡鲜美，含水量中等。4 月底 5 月初为收获初期，5 月上中旬为盛期，5 月中下旬为末期，历时约 40 天。鲜笋可贮藏 3 ~ 4 天，亩产 170 千克左右，最高达 400 千克。水竹笋主产于江苏、浙江、湖北、四川等地。

（三）栽培技术

1. 竹的繁殖

竹的繁殖可分为无性繁殖和有性繁殖，前者繁殖材料可以是植株、竹鞭、竹竿等营养器官；后者用果实繁殖。具体方法如下：

（1）母株移栽　优点是移栽易成活，新竹发展快，成林早；缺点是繁殖系数小，难以满足大面积造林需要。散生型竹种在长江中下游及其以南地区，除严寒天气外都可移植；长江以北地区宜在春季移植。丛生型竹种在南方主要在冬末和春季移植，也可在雨季移植。

以毛竹为例，散生型竹种宜选用一二年生的幼龄竹做母竹，要求生长健壮，分枝较低，竹竿整直和无病虫害（图 1-19）。母竹的胸径要求是：毛竹种竹 3 ~ 6 厘米，早竹、哺鸡竹等种竹 2 ~ 3 厘米。挖掘种竹时，如毛竹应留来鞭 30 ~ 50 厘米，去鞭 60 ~ 100 厘米，尽量多带宿土，少伤芽，特别要保护好竿柄。远途运输时要进行包扎。丛生型竹种母株选用基本一致，但要注意地上部留 2 ~ 3 盘枝叶进行短截。

图 1-19　毛竹母株示意图

（2）移蔸和移鞭　竹蔸移植时，在种竹离地15～30厘米处截断竹竿，然后参照整株移栽方法，留鞭挖起（图1-20）。竹鞭移栽时宜选用生长粗壮、侧芽饱满、鞭根发达的竹鞭。毛竹选用二至五年生竹

图1-20　移蔸

鞭，早竹、哺鸡竹等选二至四年生竹鞭。竹鞭的长度，毛竹为1～1.3米，早竹等为0.6～1米，应包扎以保护侧芽和须根。

（3）有性繁殖　采用播种育苗法，可在短期内繁育大量实生竹苗，生活力强，栽植易成活，体积小，运输和栽植方便，适用于较大面积造林。下面以毛竹为例介绍繁殖方法。

选排灌方便、疏松肥沃的沙质壤土地作苗圃，按株行距22厘米×26厘米，穴径5～6厘米，深2～3厘米，开好点播穴。选当年秋季成熟的种子，浸种消毒后进行催芽处理，待种子"露白"后播种。播种时每穴播种8～15粒，覆土以盖没种子为度，盖草淋水。每亩点播8 500穴，种子量1～1.5千克，约可生产8 000丛竹苗。长江以南地区，毛竹种子在8—10月成熟，可随采随播，北方冬季严寒易春播。

南方地区秋播时气温尚高，出苗后揭去覆草，铺于行间，随即搭小拱棚，并适度遮光降温。高温期过后，逐渐减少遮阴，直到拆棚。竹苗3～4片叶时，施一次稀薄粪肥，以后再追肥数次，9月以后不再追肥，于地冻前灌水防冻。春播的种子出苗后40～50天开始分蘖，在华南地区一年内可分蘖4～6次，在华中地区一年内分蘖3～4次。一年生苗每丛分蘖8～15株，第二年春季开始出笋，夏季抽生竹鞭，第三年春季从竹竿基部及竹鞭上出笋，二至三年生的实生苗可分株出圃造林。

2. 毛竹的栽培

毛竹是散生型竹的重要代表之一，其栽培技术主要包括建林、竹林管理、采笋等，下面介绍其栽培技术。

1）竹林建立

（1）选地和整地　种植毛竹宜选择坡度小于20°、避风向阳、土层深厚、土质疏松、排水良好、土壤弱酸性的丘陵山坡地（图1-21）。坡度大时，应采用等高线带状或块状整地法。

图1-21　竹林建立适宜地块

（2）种竹的选择 种竹以一二年生为好，要求竹鞭健壮，鞭根健全，鞭芽饱满，粗度适中，胸径5～6厘米，第一盘枝下高度为1.5米。

（3）定植时期和方法 长江流域在11月到翌年2月为栽种适宜时期，冬季寒冷地区宜春植。整株移植的，株行距为（4～5）米×（5～6）米，穴长约1.5米，宽约1米，深约0.5米，亩栽20～35株；移植竹蔸、竹鞭和实生苗的，穴长约1.5米，宽0.6～0.7米，深0.3～0.5米，亩栽40～55株（图1-22）。

图1-22 种竹定植

栽植前把表土和底土分别放在穴的两侧，定植穴内先施入充分腐熟的有机肥，拌入土中，上面铺一层表土，然后把母竹放入穴内，竹鞭放平，并使竹根和鞭根与土壤密接，先盖表土再盖底土，分层压紧，上面盖一层松土，并使盖土略高于地面呈馒头形，防止积水烂鞭。整株定植为了减少水分蒸发、防风，应将种竹留 5 盘枝叶去梢，并设立支架。

2）竹林管理

竹林管理主要是施肥、除草（图 1-23）、松土、埋鞭、挖除老鞭老蔸和防治病虫害等。

图 1-23　竹林除草

（1）施肥　每生产50千克鲜笋，需从土壤中吸收氮素250～300克，磷50～75克，钾100～125克，氮、磷、钾的比例为5：1：2。因此，按每年亩产笋1 000千克测算，最低施肥量为氮10～14千克，磷5～7.5千克，钾4～5千克。新竹林竹株稀疏，生产上常利用间隙种植紫云英、苜蓿等绿肥，或在株间适量种植一些豆科经济作物，初花期埋青，翻入土中。春夏季节施人粪尿或氮素化肥，促进根系发展和发鞭。秋季结合除草松土，撒施栏粪或堆肥，翻入土中。

成林后，一年施肥4次，2月施发笋肥，每亩沟施或穴施化肥或有机复合肥20千克，或人粪尿1 000千克；5—6月施行鞭肥，每亩施有机肥料1～1.5吨，化肥或有机复合肥13千克；8—9月施发芽肥，每亩施化肥或有机复合肥20千克；11—12月施催笋肥，每亩施有机肥料1～1.5吨，化肥或有机复合肥13千克。

（2）除草和松土　新竹林郁闭前易繁生杂草，每年要除草松土2次（图1-23）。平坡和缓坡地可全面除草松土，坡度较大处宜在竹株附近除草、培土，以免土壤流失。第一次除草在5—6月进行，这时杂草较嫩，铲除后易烂，第二次在8—9月间进行，这时杂草种子尚未成熟，草铲除后其种子不会散布蔓延。成林后，每年在7—8月间除一次草。

（3）母竹的选留和更新　新竹林在出笋后5～6年内，尽量保留健壮的笋让它长大成竹，早日成林。笋用林亩留母竹60～80株，之后每年要留养新竹，更新15～20株老竹，保证竹林的旺盛长势和发笋能力。母竹砍伐应在冬季进行，留母竹在竹林出笋最盛期前10天开始，最盛期出土的竹笋长势最强，能防止退笋。

（4）钩梢　当年抽生的新竹，根浅、竿高、枝叶多，于9—10月间截去竹竿的先端称为钩梢。毛竹钩梢后留枝 10 ～ 15 盘。

（5）埋鞭和挖除老鞭及残留竹蔸　见有露出地面的竹鞭，应在它下面掘沟埋下。埋鞭要早，延误后，鞭的各节发生须根，下埋较费工。埋鞭在 6 月上旬至 9 月中旬分次进行。伐老竹后残留的竹蔸一般要经 10 年左右才自然腐烂，未腐烂的竹蔸以及老鞭会阻碍竹鞭生长，应于秋冬挖除（图 1-24）。竹蔸挖起后，在坑内施入肥料，再盖土填平。

图 1-24　挖除老鞭

3）竹笋采收

根据采收季节，毛竹笋分春笋、鞭笋和冬笋。其中以春笋产量最高，经济收益最大。春笋出土，容易观察到。挖掘时，先把笋周围的土扒开，笋体略凹一侧是竹鞭的位置，在笋、鞭连接处下刀切断笋基就可将整笋取出，不伤及竹鞭（图 1-25）。采笋后及时回填土，不要让竹鞭裸露在外（图 1-26）。

图 1-25　春笋采收

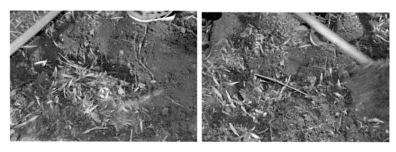

图 1-26　填土护鞭

冬笋埋在土中，需在竹周围仔细观察，找到地表泥土松动或有裂缝处，脚踩有松动感即有冬笋。采笋方法有：一是在壮龄竹鞭上常连续着生几个冬笋，挖笋时可沿鞭翻土寻找；二是可结合冬季竹林深耕找笋。找到冬笋后从基部切去，不可伤鞭；三是有经验的竹农常采用开穴挖笋，用长镐尖从笋尖弯曲一侧插入土中切断笋基，利用杠杆原理把笋撬起。挖笋后留下的坑穴要用土填平。

3. 其他散生型竹的栽培特点

散生型的中小笋用竹也称早竹类，包括早竹、淡竹、石竹、乌哺鸡竹、白哺鸡竹等许多竹种。早竹的出笋期最早，在上海、杭州一带，2月间开始出笋，3月为旺产期，4月还有少量采收。淡竹、白哺鸡竹、红哺鸡竹、花壳哺鸡竹和乌哺鸡竹等从4月初陆续出笋，直到5—6月，供应期长。

早竹类的栽培技术与毛竹相似，其不同之处有：

（1）**种竹选择和挖掘**　应选二年生的、根基直径2～3厘米的竹做种竹。在同一竹鞭上常有多株竹靠近生长，挖掘时可一起挖起，尽量多带竹鞭。剔除细弱竹株，留强壮的3～5株进行移植。

（2）**栽种竹和留母竹**　移栽时，每亩栽50～75墩，竹林中经常保持母竹400～450株。成林后每年每亩留养新竹100～120株，更换同数老竹。

（3）**竹鞭的处理**　早竹类留母竹多，竹鞭较浅而密生，发生露鞭的机会也多，掘沟埋鞭易伤竹鞭，可用覆土埋鞭法。用塘泥、河泥、栏肥等结合施肥，铺于竹林地面。四五年生的竹鞭已失去发笋能力，老鞭长久充塞地表，加快竹林衰败。所以在造林后的第二年需进行一次清鞭，挖除老竹鞭，以后结合竹林深耕，每三年清一次老鞭。

（4）采笋　早竹类的春笋品质比毛竹的好，鞭笋产量比毛竹的高。因单笋重量轻、个数多，在采掘时应尽量注意少伤竹鞭，采收期不宜过长。

（四）主要病虫害及其防治

1.主要病害及其防治

（1）毛竹枯梢病　主要危害毛竹，蔓延迅速，危害严重。病菌侵入当年生新竹，表现为枯枝、枯梢和枯株。该病每年7月上中旬开始发病，发生部位在当年新梢或枝条的节叉处，初为浅褐色小点，随后纵向横向扩展成梭形或不规则状，颜色渐深呈酱色。当病斑绕枝一周时，病斑以上叶片开始萎缩、纵卷，尔后枯黄、脱落。8—9月为发病盛期，发病严重的竹林，林冠呈现黄褐色，远看如火烧状。

防治方法：一是加强管理，促进植株健壮生长，增强抗病力；二是冬季挖除重病株，钩除发病轻的病梢、病枝，减少初侵染源；三是病菌侵入期（5月下旬至6月上中旬）用药剂喷洒，每周一次，连续3～4次。

（2）竹竿锈病　又称竹褥病。主要危害白哺鸡竹、淡竹、刚竹、石竹等。被害后，病部变黑发脆，生长衰弱，发笋明显减少，重病株易被风吹折断、枯死。病斑多发生在竹竿的中下部。

防治方法：一是发现病株及早砍除，集中烧毁，或切除病菌感染部位，并用波尔多液涂抹伤口；二是加强管理，合理留竹，保持林间良好的通风透光条件；三是在 11 月份冬孢子产生前，用石硫合剂，或敌锈钠水溶液，或氨基苯磺酸喷洒，7 ~ 10 天一次，连续 3 次；四是于 5 月下旬至 6 月上旬用上述药物喷施，既可防止夏孢子的产生，又可防止病菌传播侵染。

（3）竹煤病　又称煤污病。各类竹子均可发生，主要由蚜虫、介壳虫的分泌物引起。开始在竹叶上产生近圆形或不规则形煤点，后扩大至全叶和小枝，布满黑色污层，影响光合作用，导致落叶植株衰败。

防治方法：一是在介壳虫、蚜虫的若虫活动时期，用亚胺硫磷乳剂，或乐果喷洒防治，也可用氧化乐果灌根或注入竹竿内；二是竹林内阴湿会加重煤污病发生，合理砍伐、留养，使竹林通风透光，能有效减轻病害发生；三是发病初期喷石硫合剂加以保护。

（4）竹丛枝病　又称雀巢病、扫帚病。主要危害刚竹、石竹、苦竹等。发病后，叶片退化成鳞片状，节间缩短，小枝丛集成球，形如雀巢。4 月下旬枝端叶鞘内部产生白色米粒状物，即菌丝与寄主组织混合形成的假菌核。6 月叶鞘开裂，流出白色乳状分生孢子，丛枝枯死，分生孢子侵入新竹。

防治方法：一是加强管理，及时砍伐老竹，保持适当密度，做好松土、施肥、除草工作，促进竹林健壮生长；二是及时剪除丛枝，重病株连根掘起，集中烧毁；三是种竹移植时实行严格的检疫，防止病菌蔓延；四是 2—3 月间喷波尔多液加以防治。

2. 主要虫害及其防治

竹类的主要虫害有竹螟、竹蝗、竹刺蛾、竹笋夜蛾、笋泉蝇和竹象虫等。

（1）竹螟　俗称竹卷叶虫。以幼虫卷新竹叶的形式危害，害虫种类多（图1-27）。

图1-27　竹螟危害叶片

防治方法：一是冬季复垦，杀死土壤中的虫茧；二是利用成虫趋光性强的特点，采用频振式杀虫灯诱杀成虫；三是使用注射或喷雾药剂防治幼虫。

（2）竹刺蛾　俗称洋辣子。幼虫食叶危害。

防治方法：一是用频振式杀虫灯诱杀成虫；二是冬季复垦杀灭虫茧；三是在幼虫 1～3 龄时喷 50% 敌敌畏 1 000 倍液或 90% 敌百虫 800 倍液防治。

（3）竹笋夜蛾　俗称笋蛀虫。幼虫蛀食竹笋，造成退笋。

防治方法：一是用频振式杀虫灯诱杀成虫；二是及时除草，切断食物链；三是秋冬季覆土消灭卵块；四是及时挖除退笋，杀灭其中的幼虫；五是幼虫蛀入竹笋前用药剂防治。

（4）笋泉蝇　俗称笋蛆。幼虫蛀食竹笋。

防治方法：一是及时清除退笋，消灭其中的幼虫；二是成虫趋腥臭味，使用充分腐熟的有机肥可减轻危害；三是在成虫产卵前期，用鱼肠、死蚯蚓等腥臭物置捕蝇笼内诱杀，产卵盛期用毒诱饵捕杀。

（重复）

（五）贮藏保鲜技术

贮藏量大时可选择清凉、通风的室内空地堆藏；贮藏量小时可用竹木筐等容器。

先在贮藏室内地上铺一层干净黄沙，厚约 16 厘米，黄沙湿度以含水量 60% ~ 70% 为宜，其上竖排一层鲜笋，笋尖朝上。排放好后，用黄沙填满笋株间隙，再薄撒黄沙盖没笋尖，最后覆盖一层塑料薄膜。贮藏期间，定期翻堆检查，发现霉烂变质的笋株及时剔除，以防互相感染。此法可贮存冬笋 30 ~ 35 天，最长可达 60 天。

二、香椿

香椿别名香椿树、香椿芽、香椿头等，是楝科香椿属的多年生落叶乔木，以嫩茎、叶供食用。香椿原产于中国，早在两千多年前人们就开始采摘其嫩芽食用。香椿嫩芽、嫩叶不仅清香可口，而且含有丰富的蛋白质和人体必需的微量元素，有关资料，每100克香椿嫩芽中含水分84克、蛋白质5.7克、脂肪0.4克、碳水化合物7.2克、维生素C 58毫克及钙、磷、铁、维生素A、维生素B_1、维生素B_2等，是一种独特的芳香型蔬菜。

香椿除含有丰富的营养成分外，还具有良好的药效。唐《本草》、明《本草纲目》中均有关于香椿药效的记载。现代医学分析，香椿含有维生素E、性激素类物质、抗坏血酸物质等，因此具有壮阳滋阴、收敛止血、祛风除湿、抑菌止痛、清热解毒、健胃理气等功效，民间有"常食香椿芽不染病"之说。香椿除了加工成各种各样加工品外，还可用作烹饪，如香椿芽炒鸡蛋、油炸香椿鱼、炸春卷、包饺子、拌豆腐、做汤等。目前香椿主要出口到东南亚国家。

（一）生物学特性

1. 植物学性状

香椿为落叶乔木，树高达25～30米；作为采椿芽栽培的，为了便于采收，多进行矮化处理，因此一般树干低矮，主干高3米左右，并且具较多主枝，构成强壮的树冠骨架，分枝茂密。

（1）根　香椿根系发达，为淡黄白色。根的发育形态与繁

图 2-1　盆栽香椿形成的大量侧根

殖方法有密切的关系。由种子直接播种形成的香椿树，其主根向下垂直生长旺盛，构成明显的主根系分布状态；而由扦插、分株等无性繁殖的树，因主根受损或无主根，因而形成大量的茎生根（侧根），茎生根近乎平行分布，伸展范围常常超过树冠的 2 倍以上（图 2-1）。在侧根上形成大量的须根，通过须根吸收土壤中的养分和水分。

（2）茎　香椿幼苗茎干为淡绿色，随着生长的进行，下部茎逐渐木质化，变为灰绿色，上部茎仍为淡绿色。随着树龄的增大，皮层不断加厚，因此颜色也逐渐加深，呈红褐色、灰褐色、褐色，成年树的树皮纵裂呈条片状剥落。当年生幼嫩的枝条，为绿色或灰绿色，略具白粉，并有短茸毛，以后逐渐退去（图 2-2）。

一年生绿色茎

二年生灰褐色茎

图 2-2　香椿茎

（3）叶　子叶椭圆形，正面绿色，背

面浅绿色，先端钝圆，有较明显的羽脉。初生叶对生，多由 3 小叶组成。幼苗叶为奇数羽状复叶，成年树多为偶数羽状复叶，复叶互生，不规则地着生在枝的四周。小叶淡绿色，多达 10～20 对，近对生，披针形，基部圆钝，顶部渐尖，不对称，叶缘有浅锯齿或全缘，中脉正面凹陷，背面隆起，侧脉羽状，近叶缘处分为两叉。复叶叶柄红绿色，叶痕近三角形，具 5 个明显的维管束痕，即叶迹（图 2-3）。

新叶嫩绿或红褐色，卷曲

奇数羽状复叶，小叶正面羽脉清晰

小叶背面羽脉清晰，突出叶面

三角形叶痕

图 2-3 香椿叶示意图

图 2-4　香椿花
（资料来源：河北农民报官方网站农民互联网）

（4）花　香椿花序为聚伞或圆锥形花序，腋生或顶生，两性花，花瓣白色，花萼短小，花具芳香，子房上位，5室（图2-4）。

（5）果实　蒴果狭椭圆形或近卵圆形，幼果绿色，成熟后深褐色，光亮。果实成熟后，先端纵裂为5瓣，散出种子。每个果实一般含种子15～20粒（图2-5）。

图 2-5　香椿果实
（资料来源：中国自然植物标本馆）

（6）种子　种子近椭圆形，扁平，红褐色，上端有膜质长翅（图2-6）。种子千粒重9克左右，从树龄15～30年、生长健壮的树上采收的种子，其生活力最强，当年采收的种子的发芽率可达60%以上。

膜质长翅

图 2-6 香椿种子

2. 香椿的生长发育周期

香椿的生长发育周期大致可分为发芽期、幼年期、成年期和衰老期四个阶段。

（1）发芽期 指种子萌动出土到出现第一片真叶为止。香椿种子较小，顶土能力差，因此要求苗床土壤疏松、细碎，覆土厚度 0.5 ~ 1.0 厘米。此外，香椿种子具香味，蚂蚁特别喜欢，为了防止蚂蚁危害，要加强管理，尽量做到早出土、早齐苗。

（2）幼年期 实生苗 7 ~ 10 年、扦插或分株苗 4 ~ 6 年为香椿的幼年期。播种当年，幼树生长缓慢；第二年生长明显加快；从第三年到第十二年为生长最旺盛阶段，香椿树的高度和胸径都迅速扩大，根系数量和面积也迅速扩展，是形成树体骨架和树冠的主要时期，也是形成产量的主要时期。

（3）成年期 随着树木的第一次开花，即进入了成年期。在成年期由于营养生长与生殖生长同时进行，特别是开花、结果，消耗了大量的养分，因此根系生长和营养生长逐渐减缓，树干的增高和胸径的扩大速度都逐渐下降，生活力减退，逐渐进入衰老期。

二、香椿

31 \\\

（4）衰老期　衰老期的香椿，根系和树体开始衰老，发枝能力明显下降，内膛空虚，开花数和结果量都减少，枝条干枯并逐渐死亡，完成一个生命周期。

3. 香椿对环境条件的要求

（1）温度　香椿是喜温树种，喜温暖湿润的气候条件，对温度的反应比较敏感，温度不仅影响香椿的生态类型形成，也影响其生长发育。香椿各个生长发育时期对温度的要求也不完全一致，种子发芽的适宜温度为 20 ~ 25 ℃，低于 10 ℃时停止发芽，高于 30 ℃时发芽率下降。香椿芽生长的适温范围为 16 ~ 28 ℃，芽着色的适宜温度为 20 ~ 25 ℃。在白天 20 ~ 25 ℃，夜间 10 ~ 15 ℃，昼夜温差较大时，香椿芽生长良好，品质也好。

（2）光照　香椿为阳性树种，喜光，充足的光照有利于促进叶片的生长和分枝的形成，从而提高产量；但夏季过强的光照，容易使枝叶灼伤。

（3）土壤　在土层深厚、保水保肥能力强、疏松透气的沙质壤土上栽培，根系发达、根毛多，而且地上部生长旺盛，香椿芽粗壮肥嫩，产量高。在较为黏重的土壤上栽培，则根系分布浅，树势弱，生长也慢，产量低。香椿对土壤的 pH 值适应范围广，以中性或略偏碱性的土壤为好。

（4）水分　香椿喜湿润而忌涝渍，低洼积水地或雨后积水都易引起香椿树的死亡，栽培上应及时做好排水工作。香椿树的生长还与空气湿度有着密切的关系，在空气相对湿度 80% ~ 85% 时，其生长最佳，空气过干、过湿都不利其生长发育。

（二）类型与品种

香椿品种资源十分丰富，目前生产上应用的大约有 50 个品种，现简单介绍其中一些优良品种。

1. 红香椿

芽初生时芽及嫩叶为棕红色，有光泽，长成商品芽需 6 ~ 10 天，全芽为棕红色，基部及复叶下部的小叶带绿色（图 2-7）。嫩芽的芽及复叶柄粗壮，脆嫩，多汁，渣少，香气浓郁，味甜，无苦涩味，品质佳，生食、

图 2-7　红香椿

炒食、油炸及腌制均宜。展叶后，小叶 7 ~ 13 对，壮枝上小叶为 15 ~ 17 对，椭圆形，先端长尾尖，基部宽阔，叶缘锯齿粗。本品种树势强健，主干通直，枝条粗壮，树冠紧凑，为芽、材两用品种。喜肥水，耐低温，适宜于保护地栽培。

2. 红油椿

与红香椿相似，主要区别在于：红油椿的嫩芽紫色油亮，而红香椿的芽及复叶是棕红色的；红油椿苦涩味较浓，而红香椿无苦涩味；红油椿叶缘锯齿至叶顶端处，而红香椿小叶的叶缘粗锯齿只到叶中部（图 2-8）。红油椿芽初生

图 2-8　红油椿
（青县纯丰蔬菜良种繁育场）

时芽薹及嫩叶鲜红色，油亮，以后芽色逐渐加深，一般 8 ~ 12
天长成商品芽。嫩芽粗壮，脆嫩略带苦涩味，香气浓，多汁无
渣，品质佳。

3. 褐香椿

芽初生时芽及嫩叶褐红色，鲜亮，芽短粗，小叶叶片较大，
肥壮，皱缩很深，微被白茸毛，一般 8 ~ 12 天长成商品芽。嫩
芽脆嫩多汁，无渣，香气极浓，微有苦涩味，生食时用开水速烫
2 ~ 3 秒或腌制后味道极纯正，品质稍低于红香椿和红油椿。展
叶后，小叶 8 ~ 10 对，小叶长椭圆形，先端尾尖，基部心形，
稍向一侧斜歪，叶缘具波状疏锯齿。本品种喜肥水，但萌芽能力
较弱，在干旱贫瘠土壤上生长易发生"蹲苗"现象，形成自然矮
化树形，即顶芽粗大饱满、侧芽小的现象。

4. 黑油椿

与褐香椿极相似，主要区别在于：黑油椿芽和嫩叶的颜色不
及褐香椿深；复叶下部小叶的表面为墨绿色较褐香椿深；其营养
价值较褐香椿高，品质好无苦涩味。黑油椿芽初生时芽薹及嫩叶
紫红色，油亮，一般 8 ~ 13 天长成商品芽。嫩芽肥壮，脆嫩多
汁，香气浓，味甘，渣少，品质佳。其复叶下部的小叶表面墨绿
色，背面褐红色，芽薹阳面紫红，阴面紫中带绿，小叶皱缩，较
肥厚。

5. 红芽绿香椿

红芽绿香椿是从绿芽香椿类群中选出的。芽初生时芽薹和嫩
叶淡棕红色，鲜亮，一般 6 ~ 10 天长成商品芽，整个芽体为绿
色（图 2-9）。嫩芽粗壮，鲜嫩，味甜多汁，渣少，香气淡，品

質中上，营养成分中除脂肪含量稍高外，其他成分含量均低。展叶后，小叶 8 ~ 16 对，叶形与褐香椿相似，但是基部圆，皱缩极浅。在冬季保护地栽培中，其芽的风

图 2-9 红芽绿香椿

味高于红芽品种，无苦涩味，鲜嫩，较适合于保护地栽培。

此外，各地还有许多优良的地方品种，如水椿、米尔红、紫狗子、黄罗伞等。

（三）栽培技术

1. 繁殖方法

香椿的繁殖方法可分为有性繁殖和无性繁殖。无性繁殖又有根系繁殖法、分株繁殖法和茎扦插繁殖法。

（1）有性繁殖方法　香椿是速生树种，生长迅速，对肥水需求量大，不耐涝，作为苗圃地，宜选择疏松肥沃、阳光充足、排水良好的熟地。播种前要对土壤进行深耕细耙，施足基肥。具体育苗过程如下：

① 催芽。江苏地区露地播期为 3—4 月，如用塑料薄膜拱棚覆盖或地膜覆盖，则可适当提前。播种量为每亩 2 ~ 4 千克。

为了提高出苗率，使苗齐苗壮，播种前应先搓掉香椿种子的膜状翅，然后用温水浸种法进行处理。将经过处理的种子放

在 20 ～ 25 ℃的条件下催芽。催芽过程中，每天用温水冲洗种子 1 ～ 2 次，洗去种子表面的黏附物。约 30% 的种子破嘴后，将种子与细沙或干细土按一定比例混合均匀，进行播种。播种后覆土 0.5 ～ 1.0 厘米，并以塑料薄膜或遮阳网等覆盖保湿，一般 7 天左右即可出苗（图 2-10）。因为香椿苗幼茎较嫩，强光直射易灼伤，前期应适当加以覆盖保护，待苗高 10 厘米左右时逐渐揭去覆盖物。常见的播种方法有畦播、垄播和穴盘育苗。

搓掉种子的膜状翅

风扬或水漂去杂质

清水浸种（每天搓洗及换清水 2 次）

换清水

4~5片真叶的香椿苗

图 2-10　催芽育苗过程

②苗期管理。为了防止幼苗过分拥挤，苗期应及时间苗。第一次间苗可在真叶吐露时进行，拔除簇生的幼苗；第二次在2～3片真叶时进行，按株行距（5～6）

图 2-11　定苗

厘米×（5～6）厘米留苗；幼苗长出4片真叶时，按株行距20厘米×20厘米定苗，每亩留苗 10 000 株左右（图 2-11）。如需培养二年生大苗，株行距应为 30～35 厘米，每亩留苗 6 500 株左右。

幼苗生长初期，应适当控水，促进根系和地上部的稳健生长，切忌水分过多导致根系生长不良。但也要防止过分干旱而使幼茎过早木质化，应经常保持土壤湿润。灌水应与中耕、除草相结合，特别是 6—7 月高温季节，更应注意中耕。8 月份以后，香椿又开始恢复生长，应通过增加中耕次数和适当控水来促使幼苗

木质化，提高其抗寒能力。

幼苗初期生长慢，需肥量较少，在幼苗长出 2 ~ 3 片真叶时，可根据长势进行追肥。具体方法是：在下午用 0.1% ~ 0.2% 的尿素水溶液进行叶面喷施或浇施淡粪水。当幼苗长到 20 厘米高时，可结合浇水每亩施尿素 10 ~ 15 千克，或结合灌水追施腐熟的粪肥 1 ~ 2 次。8—9 月份，为促进幼苗木质化，增强其抗寒、抗旱能力，防止贪青徒长，应适当控制氮肥，增加磷、钾肥的施用量，每亩沟施 15 千克左右的复合肥，同时尽量减少浇水，促使茎秆充实，芽体饱满。

苗高 100 ~ 200 厘米时，选择生长健壮、茎秆粗壮充实、节间短、芽体饱满、无机械损伤、无病虫害的壮苗，在春季或秋季进行移栽或销售。起苗时应尽量保护好根系，防止苗木茎秆和芽的损伤，做到随起随栽，缩短苗木搁置的时间。需长途运输时，可将苗木进行分级，根部用稻草、草帘、蒲包等物包裹好，并盖湿稻草、草帘等，以防苗木失水，芽体干瘪死亡。

（2）无性繁殖方法

① 根系繁殖法。包括插根育苗法、留根育苗法、断根育苗法等。

插根育苗法又称埋根育苗法。3—4 月间，在三四年生的幼树上采集或从出苗圃中收集粗 0.5 ~ 1.0 厘米的根系，按粗细进行分级。然后将根条剪成 15 ~ 20 厘米长的根段，根条的小头剪成斜面，大头剪成平面。将小头斜面放在 10 毫克 / 升的萘乙酸溶液中浸泡 1 小时左右，取出后将小头向下，按行株距（30 ~ 40）厘米 ×（15 ~ 20）厘米，将根段斜插于土壤或基质中，深度以顶端与地面相平或略高为宜。插后适当控制浇水或覆旧膜保湿。苗高 10 ～ 15 厘米时，每根段留一个健壮芽，将其余芽摘除，并及时进行分苗。

留根育苗法香椿在秋季起苗后，用犁纵横耕翻苗圃地，切断土壤中残存的根系，稍加镇压，浇水防冻，促使残留在土壤内的根系长成健壮幼苗。此法简单易行，缺点是幼苗大小不齐整。

断根育苗法在早春时节，对生长健壮的香椿树，在树冠周围挖取 0.5 ～ 1.0 厘米的根系，利用根插法培育幼苗。

② 分株繁殖法。也称根蘖繁殖法（图 2-12）。香椿根基部具较强的萌蘖性，利用母树根际周围萌发的幼苗，挖起移植；也可采取人工断根分蘖的方法，在春季新叶萌发前，在母树树干周围、树冠外缘处挖宽 × 深为 30 厘米 ×50 厘米左右的环状沟，

母株

根蘖苗

图 2-12 分株繁殖

切断根系末梢，再用土将沟填埋，促使根蘖萌发，当年秋季或翌年即可掘起栽培。出苗后，要及时浇水，并保持土壤湿润，苗高20厘米后，结合浇水每亩可施硫酸铵或复合肥5～7.5千克，促使苗木生长旺盛。幼苗可先在原地培养1年，再移植到异地培养2～3年，即可起苗定植。在分株后的萌蘖坑中拌入有机肥料，并进行灌水，翌年又能萌发大量根蘖。

③ 茎扦插繁殖法。香椿茎扦插首先要选好枝条，尤以半木质化的枝条作插穗最好，茎太嫩，容易腐烂；茎过老，木质化程度高，生根困难。一般于6月下旬至7月上旬取当年生的、半木质化的枝条作插穗，截成10～15厘米的小段，茎段下端剪成斜面，上端剪成平面，同时将茎段下部的叶除去，保留上部2片复叶，每片复叶再留2对小叶，其余部分剪除。将整修好的插穗，在80毫升/升吲哚丁酸溶液中浸泡2～3小时后，插入基质中（蛭石、珍珠岩、河沙等），初期稍加遮阴，并注意保湿，25～35天即可生根。

2. 常规栽培技术

（1）定植　栽培香椿应选择土壤肥沃疏松、地下水位低（200～300厘米）、排水良好的田块。定植在春季和秋季进行，株行距为（80～100）厘米×（100～150）厘米，每亩栽植1 000株左右。定植前先挖好定植穴，多为60～80厘米见方，用腐熟的有机肥4～5千克与菜园土混匀垫入穴内，约占穴体积的1/2，然后定植幼苗，覆土，并适当踩实。浇透定苗水，最后在苗基部的四周做一小土丘。

（2）田间管理　春天在香椿萌芽前应穴施或开环状沟施腐

熟有机肥，每株 3 ~ 5 千克，如有机肥不足，也可穴施尿素，每株 100 ~ 200 克。然后在地面铺设地膜，提高土壤温度，促进根系生长。树木返青后，及时剪去枯枝，并适时采收椿芽。5—6 月份，可结合浇水追施尿素或人粪尿，每亩用尿素 20 千克或人粪尿 2 500 千克。到了 7—8 月，在注意浇水的同时，应重施一次肥料，有利恢复树势、促进发枝。9 月份，为了防止树苗贪青，增强树苗的抗性，促进芽充实饱满，应适当控制浇水，加强中耕，并且每亩追施过磷酸钙 100 千克左右，促进树木枝条的木质化。入冬前应进行深中耕，让土壤冻垡晒垡。冬季可根据具体情况浇水防冻。

香椿虽然病虫害较少，但也要及时做好防治工作。

（3）采收　定植后第二年即可开始采收，主要采摘主干的顶芽，最初的 1 ~ 2 年每年只采收 1 次，以促进上部侧芽萌发，培养树形。3 年后，树形基本形成，主芽和侧芽均可采收，每年可采收 4 ~ 6 次。早春第一次采收的春芽，叶柄肥大，叶呈锥形，芽和嫩叶呈紫色或暗绿色，粗纤维少，脆嫩多汁，是一年中品质最好的一茬。第二、第三茬质量次之。

具体采收时期和方法是：3 月下旬至 5 月上旬是香椿芽采摘的主要时期，枝头顶端的头茬顶芽是椿芽中的上品，在嫩枝 10 ~ 15 厘米时即应及时采收。采摘时要稍留芽薹把顶芽采下，让留下的芽薹基部继续分生叶片。第二茬芽（包括枝头芽采摘后萌发出的侧芽、隐芽）长至 15 ~ 20 厘米即可采收，采摘时要在芽基部留 2 ~ 3 片叶，以利制造养分供应后期芽生长。香椿芽一般 10 ~ 15 天采摘一次，采摘后，应及时补充树体所需的养料，结合松土、除草、灌水，施尿素或叶面喷 0.3% 的磷酸二氢钾溶液，有利于促进树体恢复长势，加速发芽生长，提高产量及经济效益。

3. 香椿保护地栽培技术

目前主要以日光温室栽培为主，可延长香椿嫩芽采收期和市场供应期，提高产量和经济效益。现将栽培技术要点简述如下：

（1）整地施肥　利用塑料日光温室栽植香椿，一定要施足底肥。每亩施用优质农家肥不少于 5 000 千克，标准磷肥不少于100 千克。

（2）栽植时间及密度　一般在当地日均温度下降到 3～5 ℃时进行，北方地区在 11 月中下旬，长江以南地区在 12 月上旬。扣膜前，北方地区在温室内先做好宽 150 厘米，畦埂 20～30 厘米的低畦；南方地区地下水位高，做成宽 150 厘米、沟宽 30 厘米左右的高畦。按行距 20～25 厘米开沟，将苗排列于沟中。当年生苗木每平方米定植 100～150 株，多年生苗 80～120 株。起苗时尽量多带宿土和根系，栽时要使根系舒展，栽后及时覆土浇透，

图 2-13　香椿的设施栽培

一般在定植后 7 ~ 10 天，幼苗完成休眠期，便可扣膜（图 2-13）。

（3）环境调控　扣膜后要做好温度、湿度、光照的调节工作，创造有利于椿芽生长的条件，争取早上市，提高产量，增加效益。

① 温度。调节好温度是栽培成败的关键。扣膜后的 10 ~ 15 天是缓苗阶段，应着重提高气温和地温，白天温度控制在 30 ℃ 左右，晚上加强保温。一般经过 1 个月左右，香椿芽开始萌动，此时白天温度控制在 15 ~ 25 ℃，夜间控制在 10 ℃ 左右，最低不低于 5 ℃。采芽期间气温以 18 ~ 25 ℃ 为宜。温度低，嫩芽生长缓慢，会延迟采收期，但高温下椿芽着色不好，温度最高不可超过 35 ℃。如遇连续阴雨，外界气温较低时，则可不揭草帘，增强保温性能。

② 湿度。因为苗木在移栽时根系受到损伤，吸水能力差，因此定植初期宜保持较高的土壤、空气湿度来促进缓苗。缓苗萌芽后，应注意通风降湿，空气相对湿度以 70% 左右为宜。湿度过大过小都不利于生长和品质的提高。

③ 光照。香椿生长期间应保持充足的光照，保证棚内适宜的温度，促进幼苗生长，因此尽量选用无滴膜。光照过强、棚内温度过高时可加盖草帘遮阴。在温度与光照不能同时满足时，应优先保证温度。

（4）采芽与包装　扣膜后 40 ~ 60 天，当椿芽长到 15 ~ 20 厘米且着色良好时即可开始采收。椿芽短，产量低；过长，则品质下降。采收宜在早晚进行。温室里椿芽每隔 7 ~ 10 天采一次，共采 4 ~ 5 次。每次采芽后注意追肥浇水，在基肥充足的条件下，追肥以喷洒 0.3% 磷酸二氢钾为主，5 ~ 7 天一次。

日光温室栽培的香椿，头茬芽正值春节前后上市，经济效益好。新采下的椿芽应仔细整理，一般每 50 ~ 100 克为 1 捆。为防止水分散失，应装入塑料袋内封好口，在 0 ~ 10 ℃下保存，一般可存放 10 ~ 20 天。

（5）苗木出棚培育　第二年春季，在清明至谷雨期间，因露地椿芽陆续上市，价格回落，此时即可将幼苗移到棚外的苗圃中。为了提高移苗的成活率，移栽前应加大通风，降低温度进行炼苗。移栽密度为每亩 6 000 株。定植后浇足底水，然后，当年生苗在根基部留 10 ~ 15 厘米，二三年生苗留 15 ~ 25 厘米进行平茬。加强中耕、除草并及时追肥、浇水、防病治虫，苗高 60 厘米左右时摘心，促使幼苗矮化，培育出优良健壮苗木，为秋季日光温室栽培做好充分准备。

4. 香椿矮化密植栽培技术

香椿矮化密植栽培以生产椿芽为目的，要求芽粗壮鲜嫩，上市早，产量高，因此对土壤和栽培管理技术要求较高。

（1）选地施基肥　因采用矮化栽培技术，定植密度加大，所以对土壤要求也相应提高，应选择地势高爽、土层深厚肥沃、水源充足且排水良好的地块。栽植前，土壤要进行深翻、细耙、整平，结合整地，每亩施腐熟有机肥 5 000 千克左右。定植时再在定植穴内施过磷酸钙和饼肥各 0.5 千克左右。如果土质过黏或过沙，除了应增加有机肥的用量外，还可采用在栽植穴内加入客土的方法加以改良。

（2）定植季节和密度　定植可在秋季和春季进行。秋栽定植可从秋季香椿落叶后开始至土壤冻结前结束。秋栽过迟，地温低缓苗慢，有的甚至没有缓苗，遇到寒风，容易引起枝条受冻、干枯而死苗，因此秋季应适当提早定植。定植最好是春栽，春栽应在幼苗萌发前的休眠期进行。定植密度应根据当地气候、土质和管理水平而定。光照充足、土壤肥沃、管理水平高，可适当密栽；反之，应稀一些。密度太小，产量低；密度过大，影响田间通风透光，也会降低产量。定植密度一般株行距为40厘米×50厘米，每亩以3 000株为宜。栽植时，使苗木根系自然分布开，填入土后踏实，并浇透水。栽植深度以与原苗木入土深度相平为宜。待水渗下后，在苗木根部覆土形成馒头形，以利保墒、防旱。

（3）矮化整形　是一项经常性的技术措施，其主要目的是抑制植株长高，而促其矮化和横向生长，多发枝，增加产量，同时便于采摘（图2-14）。对于生长过旺的枝条可重剪短截，生长弱的枝条可适当留长些。矮化整形常见的方式有多层型和矮秆密集型。

① 多层型。就是在苗高200厘米左右时，摘除顶梢，促使侧芽的萌发，通过修剪形成三层骨干枝，从上至下每层的间距大约分别为40厘米、60厘米、70厘米。这种矮化整形方式，树体较高，木质化程度高，产量稳定，抗逆性强。

② 矮秆密集型。在苗60～80厘米时即摘除顶梢，促进侧枝萌发，当侧枝伸长到30厘米左右时，及时采摘椿芽，促进二级侧枝萌发，当二级侧枝长到25厘米左右时再采收椿芽，通过不断的采收，形成矮秆且分枝密集的株形。其优点是分枝多、产量高，缺点是由于不断采收，分枝过多过密，容易造成植株中部通风透光差，产品品质有所下降。

采收留下的侧枝　　当年生长的侧枝　　在秋后留 30 ~ 40 厘米截顶，促
进侧枝萌发抑制长高

图 2-14　矮化整形过程

　　香椿密植栽培后，地下根系稠密，加上人为的管理频繁，土壤被踏实，一般的松土中耕难以起到作用，所以每年应进行深刨。深刨宜在秋季落叶，进入休眠后进行，深刨 15 ~ 20 厘米，同时每亩施有机肥 3 000 ~ 5 000 千克。

　　（4）肥水管理　苗木定植后浇一次透水，20 ~ 30 天后再浇一次，其后半个月左右浇水一次，保持土壤见干见湿。每次浇水或雨后需及时中耕除草松土，防止积水。4—5 月及 7 月各追肥一次，每亩每次可施人粪尿 1 000 ~ 1 500 千克，同时用 0.3% 磷酸二氢钾进行叶面追肥。8 月再重施一次肥料，并控制浇水。9 月每亩追施一次过磷酸钙 100 千克，促进幼苗木质化，增强抗寒力。

　　成龄树每年 2 月下旬在根部周围覆盖地膜提高地温，可提早10 ~ 15 天发芽，萌发前浇一次透水，以促早发芽。第一次采收前 3 ~ 5 天追一次肥料，每亩用人粪尿 5 000 ~ 7 000 千克，新梢长到 30 厘米左右时，可根外追肥 2 ~ 3 次，喷 0.2% ~ 0.3% 尿素溶液。6—7 月，香椿经大量采摘椿芽，养分消耗很多，应追施 2 ～ 3 次化肥或人粪尿，每次每亩沟施复合肥 20 ～ 25 千克。落叶后结合深刨再施入腐熟的有机肥作冬肥。

（5）椿芽采摘　香椿栽植后，第二年就可以开始采收。最初 1 ～ 3 年可在春季和秋季各采收一次，采摘顶芽，促发侧枝，培养树冠。3 年后，树干已定型，可增加采摘次数，顶芽、侧芽均可采收，也可结合植株整形进行采收。管理较好的香椿园，每隔 20 天左右采摘一次，一年可采收 6 ～ 10 次。采摘时，要用锋利的剪刀、高枝剪等剪取，切忌用手生拉硬掰，造成树体伤口过大，损坏树枝。

（四）主要病虫害及其防治

1. 主要病害及其防治

（1）香椿根腐病　幼苗期表现为芽腐、猝倒和立枯，大苗表现为根茎和叶片腐烂。患处皮层变为褐色，继而变为黑褐色，流水腐烂，难自愈。纵剖病部，根部维管束呈褐色。病株生长发育迟缓，中期落叶，重者引起死亡。

防治方法：一是适时间苗，防止苗木过密，培育壮苗。二是发现病株及时拔除，用石灰处理根穴，或用代森锌浇灌；晴天可用波尔多液或代森铵喷洒根基处；雨天可在苗圃撒草木灰防病。三是为防止病菌出圃，应对出圃苗木用石灰水或高锰酸钾溶液浸根，再用清水洗净后定植。选择高燥、排水良好的林地栽植，防止林地积水。四是选择抗病品种。

（2）香椿叶锈病　主要危害叶片，夏孢子堆生于叶片两面，散生或群生，为黄褐色，突出叶面。冬孢子堆生于叶片背面，为不规则的黑褐色病斑，散生或相互合并为大斑，突出叶背。感病植株长势缓慢，叶斑很多，严重时引起早期落叶。

防治方法：一是冬季扫除病枝与落叶，进行焚烧。二是于发病初期，用药防治。

（3）香椿干枯病　多发生于幼树主干。发病初期在树皮上出现梭形水渍状湿腐病斑，继而扩大，呈不规则状。病斑中部树皮裂开，树胶流出。当病斑环绕主干一周时，上部树梢枯死。

防治方法：一是加强苗木管理，选择无病株留种。从外地引进苗木时注意进行检验、检疫。二是对幼树合理增施磷、钾肥，防止氮肥过多，引起苗木抗逆性下降。三是对林缘、道旁的树干涂白或混植其他树种为香椿遮阴，防日灼或冻裂。四是发病初期，用托布津喷雾防治；剥除患处树皮，并涂以氯化锌甘油合剂或碱水。

2. 主要虫害及其防治

（1）青刺蛾　幼虫吃叶肉留表皮，被食叶片形成枯膜状，成虫食全叶，仅留少量叶脉（图2-15）。

图2-15　青刺蛾及其危害

防治方法：一是成虫有趋光性，利用灯光诱杀能起到良好的防治效果。二是药剂防治主要在幼虫期，喷洒高效、低毒、低残留农药进行防治。

（2）柳光肩星天牛（别名：光肩天牛） 幼虫蛀食树皮，外面可见树皮隆起，纵裂，有木屑排出。然后危害木质部，先水平方向蛀入树干中心，后向上蛀食。孔道内充满纤维木屑，由排泄孔排出（图2-16）。

防治方法：一是在产卵和孵化初期，及时检查，发现产卵痕迹中幼虫，即可捶杀。二是清除洞内木屑，用铁钩杀死其中幼虫。捕杀成虫，清除排泄孔内木屑，注入药剂，再用烂泥封住排泄孔。

图2-16　柳光肩星天牛

（五）香椿芽加工技术

香椿芽在加工时最好能做到随时采收随时加工，不能及时加工时，要将香椿芽放在通风阴凉处摊开，切忌堆放。在加工前，还应将粗硬的叶柄剪去，剔除病芽、杂物，适当进行分级。常见的加工品种和加工方法有以下几种。

1. 油汁香椿

先将椿芽在 3% 食盐、1% 小苏打、10% ~ 15% 酒精水溶液中浸泡 1 小时，再放入含 0.4% ~ 0.6% 抗坏血酸、0.2% ~ 0.4% 柠檬酸钙水溶液中压实浸泡 1 小时，捞出晾至叶面无水；用 15% ~ 20% 香油、20% ~ 30% 米醋、2% 食盐、0.5% 大料粉、2% 白糖，再加少许姜粉拌匀作调料，对香椿芽进行浸泡处理，初期每天翻缸 2 ~ 3 次，然后 2 ~ 3 天翻缸 1 次，浸 10 ~ 15 天；捞出晾晒 2 ~ 3 天；稍干后将缸底的油液再洒于香椿芽上，并洒些米醋，晾晒至不粘手时包装，含盐量不超过 5%；包装前可喷洒 0.1% 的山梨醇溶液，以阻止贮藏过程中氧化。

2. 巧腌香椿

图 2-17　巧腌香椿

取鲜嫩、芽长 10 厘米左右的香椿，每 5 千克准备食盐 1.25 千克、波美 18 度盐水 0.25 千克（盐 45 克 + 水 205 克）；入缸时放一层香椿撒一层盐，洒盐水少许，以促使盐粒溶化；入缸 2 ~ 3 小时后倒缸 1 ~ 2 次，倒缸时要注意散热，第二天清晨、午后各倒一次缸；香椿入缸 48 小时后出缸，控净盐水，晾晒 4 ~ 6 小时，每隔 2 小时翻倒 1 次；晾晒后入缸贮存。加工时，可以分为大、小两类，分别捆好，入缸压紧放入阴凉处贮存。成品香味浓、颜色绿，每 5 千克香椿可出成品 3 ~ 3.25 千克（图 2-17）。

3. 腌香椿芽

按一层椿芽一层食盐装缸，食盐用量为椿芽的 6%；每天早、中、晚各翻缸 1 次，第三天捞出，晾晒 1 天；用 2% 糖、15% 白醋和 2% 辣椒粉作配料复腌，先将香椿和辣椒粉混合均匀装缸，后将白糖溶于醋中，浇于缸内，用厚纸封严缸口，8 ~ 10 天即可食用。产品微黄色，含盐量不超过 8%，可保存 8 ~ 10 个月。或将产品分装于食品袋内，放在防潮纸箱内，置阴凉干燥处贮藏。

4. 脱水香椿芽

选料时要保持椿芽完整，尽量避免伤叶断芽。将整理好的香椿芽浸入 0.5% 小苏打的沸水中，不断搅拌，保持水温，烫漂 2 ~ 4 分钟，破坏椿芽中酶的活性以保持绿色；热处理后，立即移入加有 0.25% 小苏打或少量柠檬酸的 5 ~ 10 ℃冷水中，以防椿芽发生变化；捞出压去水分，在 70 ~ 80 ℃下烘烤 7 ~ 12 小时即成。也可将原料先切成 2 ~ 3 厘米小段，晒干或烘干。脱水香椿芽是一种复水菜，食用时用沸水浸泡半小时，即可恢复新鲜状态，用以烹调各种菜肴。

5. 香椿蒜泥

大蒜经剥皮、清洗、去膜，100 千克蒜瓣里加入生姜 2.5 千克、食盐 3 千克，混合均匀后磨成蒜泥，大蒜泥粒直径小于 3 毫米；将 4.5 千克香椿去杂、洗净，沥干水分，切成 0.5 厘米左右的小段，倒入蒜泥中混合均匀；香椿蒜泥用复合膜蒸煮袋包装，可长期贮藏，易于携带，食用方便。产品含盐量为净重的 2.5% ~ 3.0%，白至淡黄色的蒜泥与绿或褐红色椿芽混合，兼具两者的特有风味，可作凉拌食品调料。

三、芦笋

芦笋，别名石刁柏、龙须菜等，是百合科天门冬属多年生宿根性植物。芦笋原产于地中海沿岸及小亚细亚地区，在欧洲已有2 000多年的栽培历史。栽培品种大约在19世纪末或20世纪初传入我国，距今约有100多年的历史（图3-1）。

芦笋可供食用的是肥嫩幼茎，幼茎在出土前采收为纯白色，称为白芦笋；出土见光后嫩茎转为浅绿色，采收的产品称为绿芦笋。白芦笋适合加工制罐头，绿芦笋可供鲜食、冷藏和速冻加工。芦笋含有丰富的营养成分，维生素及钙、磷等含量较高，此外，还含有多种有机酸，特别是其所含的天门冬酰胺、芦笋苷及多种甾体物质等，对高血压、心脏病、血管硬化、脑溢血、膀胱炎、肾结石、肾炎水肿、肝炎、肝硬化、湿疹等有改善作用。芦笋能有效控制癌细胞的增长，是公认的保健食品。

图3-1　芦笋产品（左）及美食（右）

（一）生物学特性

1. 植物学性状

（1）根　芦笋的根为须根系，由肉质贮藏根和须状吸收根组成。贮藏根由地下根状茎节发生，呈圆柱状，直径可达6毫米，数量多，一般长度可达2米左右，是芦笋为安全越冬而贮藏光合产物的根群。吸收根较细，呈弦状，主要包括初生根及其上产生的第二、第三级侧根和在贮藏根上发生的纤细根群（图3-2）。吸收根一般在冬季萎缩，翌年春季温度回升后重新发生。

图3-2　芦笋根

（2）茎　芦笋的茎可分为地上茎和地下茎（图3-3）。其地下茎是一种缩短的变态茎，多为水平生长。地下茎上有许多节，节上的芽被鳞片包着，故称鳞芽。鳞芽萌发形成幼嫩产品器官和地上茎。地上茎直立，一般株高达1～2米，主茎刚抽生出来时，互生三角形的鳞片叶，茎顶的鳞片紧紧包裹在一起。成株的主茎上生有 1 ~ 2 回分枝，呈总状。主茎或嫩茎的粗细、高度以及分枝在主茎上开始着生的高度，与植株的年龄、雌雄、品种的遗传性等有关。雌株比雄株高大，但茎发生数少，产量低。雄株虽矮些，但茎数多，产量高，两者在商品性方面有一定的差异。一般雄株产量要比雌株高出 25% 以上，在栽培时可根据花的特征淘汰一部分雌株，以提高总产量。

图 3-3　芦笋茎

（3）叶　芦笋的叶可分为真叶和拟叶。真叶退化成三角形膜质鳞片状，着生在茎节上，呈淡绿色，多数在生长过程中自然脱落（图 3-4）。拟叶为叶腋间的针状叶，一般 5 ~ 8 枚簇生，是枝条的变态，所以称为"拟叶"，又称叶状茎（图 3-5）。拟叶绿色，含有叶绿素，是植株进行光合作用制造营养的主要器官。

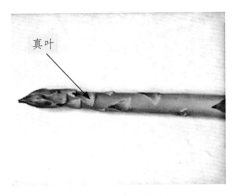

真叶

拟叶

图 3-4　芦笋真叶　　　　　　图 3-5　芦笋拟叶

（4）花　芦笋雌雄异株，花着生在主茎或叶状茎的叶腋处。雌花的特征：小型钟状花冠稍宽，有 6 片白色花瓣，6 枚黄色雄蕊已退化，仅有 1 枚雌蕊。雄花的特征：小型钟状花冠稍窄，有 6 片白色花瓣，雌蕊已退化，只有 6 枚黄色发达的雄蕊（图 3-6）。

针状拟叶

图 3-6　芦笋雄花

（5）果实　芦笋果实为球形浆果，直径为 7 ~ 8 毫米，幼果绿色，成熟后转为红黄色或红色（图3-7）。每一果实有 3 个心室，每室有 2 粒种子。

图 3-7　芦笋果实

（6）种子　种子黑色，表面光滑有光泽，种皮致密坚硬。种子多为球形或短卵形，稍有棱角，千粒重 22 克左右。在一般条件下，种子可贮藏使用 2 ~ 3 年（图3-8）。

图 3-8　芦笋种子

2.芦笋的生长发育规律

芦笋在温带和寒带地区每年冬季地上部分枯萎，以地下部越冬，而在热带和亚热带地区，地上部分不枯萎。芦笋的生命周期大致可分为幼苗期、幼年期、成年期、衰老期 4 个阶段。

（1）幼苗期 从种子萌发到定植为幼苗期（图 3-9）。此期植株逐渐长高，枝叶增多，根系开始发达。

图 3-9 芦笋幼苗期

（2）幼年期 幼年期又称壮年期，从定植到开始采收嫩茎为止，一般约 3 年（图 3-10）。此期植株不断扩展，根深叶茂。地下茎不断发生分枝，形成一定大小的鳞芽群。

图 3-10 芦笋幼年期

（3）成年期　此期植株向外扩展生长，地下茎大量发生，处于重叠状态，形成强大的鳞芽群，并大量抽生嫩茎（图3-11）。嫩茎肥大，产量高，品质好。一般在定植后4～10年。

图3-11　芦笋成年期

（4）衰老期　定植10年以后，植株的生长势明显减弱，嫩茎的发生量减少，畸形茎增多，产量和品质下降，芦笋进入衰老期（图3-12）。

图3-12　芦笋衰老期

3. 芦笋对环境条件的要求

（1）温度　芦笋既耐热又耐寒。种子萌发适温 25 ~ 30 ℃；地温 5 ℃时鳞芽萌动，嫩芽形成适温 15 ~ 17 ℃；气温超过 30 ℃，嫩茎品质低劣。

（2）光照　喜光；光照充足条件下，嫩茎产量高，品质好。

（3）水分　耐旱不耐涝，但在嫩茎采收期间，应保证水分供应。

（4）土壤与肥料　喜土层深厚、有机质含量高、质地松软的壤土及沙壤土；喜肥，耐盐碱能力较强，缺硼易空心。

（二）类型与品种

我国种植的芦笋品种绝大部分从国外引进，数量较多，品种间差异较大，常见品种有：

1. 京绿芦 1 号

2009 年审定，该品种比较适合生产绿芦笋，嫩茎长柱形，粗细适中，色泽翠绿，包头紧，嫩茎整齐，质地细嫩，纤维含量少，品质优良，是速冻出口的优良品种。该品种抗病能力较强，对叶枯病、锈病高抗，对根腐病、茎枯病耐病能力较强。成年笋田亩产可达 1 500 千克以上（图 3-13）。

图 3-13　京绿芦 1 号

2. 京紫芦2号

2010年审定。该品种比较适合生产紫芦笋，嫩茎长柱形、粗壮，紫罗兰色，笋尖鳞芽包裹得非常紧密，嫩茎整齐，质地细嫩，纤维含量少，是保鲜出口的优良品种。对叶枯病、锈病高抗，对根腐病、茎枯病耐病能力较强。成年笋田亩产可达1 500千克以上（图3-14）。

图3-14　京紫芦2号

3. 京绿芦4号

2010年审定。该品种为我国第一个通过正式审定的芦笋全雄品种，达到国际先进水平，符合当今世界芦笋品种的发展方向。该品种比较适合生产绿芦笋，嫩茎长柱形、粗壮，嫩茎颜色深绿，嫩茎整齐，质地细嫩，纤维含量少，品质优良，是保鲜出口的优良品种。对叶枯病、锈病高抗，对根腐病、茎枯病耐病能力较强。产量潜力大，较雌雄混合品种高30%以上，成年笋田亩产可达 2 000 千克左右（图 3-15）。

图 3-15　京绿芦 4 号

此外，生产上常用的品种还有：玛丽华盛顿、玛丽华盛顿 500、玛丽华盛顿 500W、加州大学 157、加州大学 309、鲁芦笋 1 号等。

（三）栽培技术

1. 白芦笋绿色栽培技术

（1）繁殖方法　芦笋繁殖方法主要有 3 种：种子繁殖、分株繁殖和组织培养。我国芦笋栽培主要采用种子繁殖法，分为播种育苗移栽（图 3-16）和大田直播。大田直播用种量较大，出苗率低，不易管理，培育壮苗困难，比育苗移栽的芦笋产量低，质量差，所以生产中多采用育苗移栽的方法。

图 3-16 芦笋种子育苗

（2）播种育苗 播种期一般在春季 5 厘米深处土温稳定在 10 ℃以上时进行，长江流域采用露地育苗的，一般宜在 4 月上中旬播种。若提前至 3 月中下旬播种，则需采用地膜覆盖或搭建塑料拱棚来提高土温。苗圃地宜选择土壤疏松、富含有机质、地下水位低、排水性良好的沙壤土，以便于芦笋根系发育和起苗。为使幼苗生长良好，育苗前每亩苗床施基肥（厩肥）3 000 千克，深耕细耙后整地。

芦笋种子种皮厚且含蜡质，萌发困难，同时种子表面常带有多种致病菌，容易引起茎枯病、褐斑病等病害的发生，播种前应对种子进行处理。常采用的方法有：一是用 25 ~ 30 ℃温水浸泡种子，经常搅动，每天清洗换水 2 次，搓掉种皮外表面的蜡质，促使种子吸水；二是药剂浸种，生产上常用 50% 多菌灵可湿性粉剂或 70% 甲基托布津 250 倍液，浸种 24 小时。

浸种后，将种子装入布袋中，置于 25 ℃的恒温箱中，保持一定的湿度进行催芽，每天用温水清洗 1 次，并翻动种子，使种子受热均匀，当种子有 30% 左右露白时即可播种。

播种床畦宽 1.2 ~ 1.5 米（畦长自定），在畦面每隔 40 厘米开横沟，沟深 2 厘米。沟内每隔 7 ~ 10 厘米，点播一粒种子，覆土 1 ~ 2 厘米，再在床面上覆盖稻草，并浇足水，平时经常保持床土潮湿，促进发芽。当种子 80% 出苗时，应除去覆盖物。

每亩苗床用种 500 克，育成的苗可定植 15 亩大田。育苗期间要勤除草，及时中耕松土，加强肥水管理。苗高约 10 厘米时，每亩施腐熟的稀人粪尿 2 500 千克，促进幼苗生长。以后每月追肥 1 次，入秋后，气温下降，植株生长加快，需适当多施肥，并增加磷钾复合肥的施用量。在下霜前 2 个月左右停止追肥，并适当控水，促进同化物质能充分地转移到肉质根中贮藏。

（3）地块选择和准备　芦笋喜光和喜肥，根系和地下茎发达，因此，栽培芦笋应选择阳光充足、地势平坦、土质疏松、富含有机质、排水良好、地下水位低的地块进行种植。栽培白芦笋需进行培土软化，应选择土层深厚的沙壤土，种植前应施足基肥，每亩用优质堆肥或厩肥 2 500 ~ 2 700 千克全面撒施，翻耕入 30 厘米土层中，平整后开种植沟。

（4）定植　长江流域宜在秋末冬初，秧苗的地上部枯黄时栽植，或在春季 2 月栽植。秋栽的芦笋虽比春栽的较早抽生地上茎，但在冬季严寒地区，不可秋栽，以免冻害。

挖苗时应尽量少伤根，多带土定植。苗挖起后，按大小进行分级，分别栽植，以便于管理。芦笋幼苗一般按下述规格分级：具肉质根 20 条以上的为大苗，10 ~ 20 条的为中苗，10 条以下的为小苗。大苗、中苗要分别栽于不同田块，以利定植后的管理和采收。小苗一般淘汰或者留在苗圃，作为以后补缺之用。

栽植时，按沟距为 1.8～2.0 米，沟深 30～40 厘米，宽 40～50 厘米开定植沟。每亩用腐熟的堆（厩）肥 2 000 千克，铺在沟底，与土拌和，稍踩实。堆肥上每亩撒施过磷酸钙 30 千克，硫酸铵 15 千克，氯化钾 10 千克，并与土均匀混合。再在化肥上另铺土一层，距地面 7～10 厘米，即可栽苗。将苗按株距 30～40 厘米排列在沟中，苗的地下茎上着生鳞芽的一端必须顺沟朝同一方向，排成一条直线，使以后抽生嫩茎的位置集中在畦中央，便于培土。将苗的肉质根均匀舒展，稍盖土镇压，使根与土密接。浇足定根水再盖松土 5～6 厘米厚，稍隆起（图 3-17）。

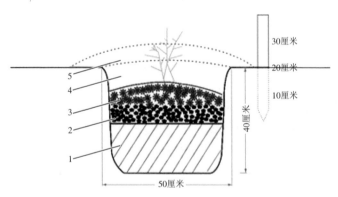

1—有机肥与表土的混合物　2—填土　3—栽苗后覆土
4—翌年春出苗覆土　5—出苗后 15 天再覆一层土
图 3-17　芦笋定植示意图

（5）田间管理

① 定植当年应及时中耕除草，在雨季到来之前，把草除净。

灌水后或雨后及时中耕松土，防止土壤板结。当年植株施肥量可少于成年株，追肥次数可多一些，一般春季追肥 1～2 次，入秋后再追肥 1～2 次。追肥时应在距植株 20～30 厘米处开深 10 厘米左右的施肥沟，在沟内追肥，每次每亩用复合肥 15～20 千克，追肥后用土将沟填平，及时灌水。定植的当年，由于根系吸收水分能力弱，干旱季节，应每隔 10～15 天灌一次水，灌水量以充分湿润 25 厘米土层为宜。在地下水位较高的地区，雨季到来之前应注意排水沟的疏通，以保证排水通畅。冬季地上部茎叶枯后，齐地面割去枯茎并将枯萎茎叶集中烧毁，清除病菌、害虫的越冬场所，以减少病虫害的初侵染源。

②定植后第二年春天幼茎还未抽出地面时，应进行中耕松土以提高土温，并及时除草、培土。南方有些地区第二年可开始采收嫩茎，但管理上仍以促进植株生长、形成强大的营养体为主，根据具体长势适当进行采收。

③芦笋要多用腐熟有机肥，改善土壤结构，有利于地下茎及根系的生长，同时保持氮、磷、钾三种元素的平衡施用。氮肥不足，植株黄瘦矮小，嫩茎细，纤维多，质硬味苦，产量低；氮肥过多，往往使茎叶徒长，嫩茎空心和畸形笋增多，味淡。磷肥可促进根系的发育和营养合成，提高嫩茎的品质。钾肥可增强植株的抗性，促进养分的积累，使嫩茎粗大充实。如以每亩产笋 400 千克计算，氮、磷、钾的施肥比例为 5：3：4，实际施肥量为氮 11.1 千克，磷 7.2 千克，钾 9.9 千克。幼苗定植第一年用实际肥量的 50%，第二年 70%，第三年起按实际施肥量施肥。施肥时间多在春秋季，重点是安排好秋季施肥，在通过重施肥料促进秋

季植株旺盛生长的同时，防止后期徒长，新梢不断发生，妨碍养分积累。因此，秋季最后一次追肥应在下霜前 2 个月进行。

④ 培土是生产白芦笋的关键技术。培土的目的是不使嫩茎见光，软化成为白色柔嫩的产品。培土适宜在出笋前 2 周左右进行，培土过早，土温上升慢，出笋延迟；培土过晚，嫩茎抽出土面见光变色。培土须选择晴天土壤干湿适度时进行，如果土壤过湿，应先中耕晒垡，打碎土块，捡掉砖块、残枝等，然后再培土。定植后第三年，培土垄宽 20 厘米左右，第四年以后为 40 厘米左右。培土的厚度可以用在畦面上插标尺的办法来控制，要求使地下茎埋在土面下 25 ～ 30 厘米。

在采笋期必须经常培土，采笋后发生土壤松动、下沉、裂缝或雨后畦面塌陷等情况，须及时培土加以修复，保持培土高度，并稍加拍实。嫩茎采收结束后，应将培土的土垄扒掉，恢复原来的畦高，促进地下茎的生长。如果不将土垄扒掉，则会促使地下茎向上发展，造成以后培土困难。现在也有用黑色塑料薄膜来代替培土生产白芦笋的方法，在生产上可以节省大量劳动力成本。

（6）采收　芦笋的采收方法有两种，留母茎采收和不留母茎采收。

① 留母茎采收是指嫩茎抽发时，每墩选留一定数目生长健壮的嫩茎，让其自然生长，形成枝叶，进行光合作用，其他嫩茎按标准适时采收。留母茎采收适合于芦笋生长期及采收期较长的地区。其优点是：可以保持植株较强生长势，嫩茎粗大，质量好，鳞芽形成多而饱满，但也要注意适时更换母茎。

留母茎采收时，每墩选留母茎数的多少要依据植株年龄而定，一般一二年生的芦笋留母茎 2 ~ 3 根，三四年生的留 4 ~ 6 根，五年生以上的留 5 ~ 8 根。

② 不留母茎采收是指嫩茎抽发时，所有嫩茎都按标准适时采收，采笋期地上无芦笋植株。地下茎的鳞芽群生长发育和抽发嫩茎所需要的养分，均由肉质根内贮藏的养分供给。其缺点是：随着采收期的延长，植株长势减弱，嫩茎变细，质量降低，鳞芽形成减少，并易导致根系衰老、枯死。

不留母茎采收时，要注意适时适期，采收期不可过长过迟，采收结束后，应加强管理，促进植株迅速恢复生长，在休眠期到来之前形成一定的营养体，使肉质根中贮藏丰富的养分供翌年继续抽发嫩茎。

③ 采收期应每天黎明时巡视田间，当发现地面有裂痕时，即标志着有嫩茎将出土（图 3-18）。先在裂缝处用手扒开表土，确定笋位，用割笋刀斜插土中，在接近地下茎处将嫩茎割断，保证嫩茎长度在 20 厘米左右。收割时做到不伤及地下茎，收割后留下的空洞和裂缝立即用土填平，稍加拍实，防止塌陷和漏光。采下的白芦笋应平放在采收篮中并加盖湿布遮光、保湿，

图 3-18　芦笋嫩茎出土

采收结束后，应立即进行加工处理。采收后期，温度升高，嫩茎生长加快，可早晚各采收一次。

2. 绿芦笋栽培技术

在栽培上，与白芦笋相比，绿芦笋具有生产率高、省工的特点。栽培与白芦笋有许多相同或类似之处，但也有不少独特的管理要求和关键环节，必须掌握好。

（1）品种的选择　根据绿芦笋生产的要求，绿芦笋品种应具备色泽深绿、笋尖紧密不易散头、嫩茎形态好、粗细均匀等特点。目前生产上比较适合作绿芦笋栽培的品种有：京绿芦1号、京绿芦4号、加州大学72、加州大学309、加州大学711、台南选1号、台南选3号等。绿芦笋的育苗请参照白芦笋进行。

（2）地块选择和整地施基肥

① 栽培绿芦笋应选择土层深厚、土壤肥沃、富含有机质、排灌方便的地块，土质以沙壤土、轻黏壤土最为适宜。忌在前作是桑园、果园、林地、甘薯的地块上种植。

② 整地施基肥，首先应全面撒施适量的厩肥或土杂肥，然后按沟距1.2～1.5米，沟深30～40厘米，宽50～60厘米开挖定植沟（沟长自定）。每亩沟施有机肥3 000～4 000千克，或用芦笋专用肥（或氮磷钾复合肥）80千克，拌匀填入定植沟，灌水沉实。

（3）定植及定植后的大田管理

① 绿芦笋的定植时间可选择在早春、初夏和秋末进行。绿芦笋不需要培土软化，定植密度可适当加大，一般株距20～30厘米，每亩定植1 800株左右。定植密度过大，虽能提高前期产量，但芦笋进入成龄期后，易造成田间郁闭，通风透光差，病虫害严重，嫩茎品质下降，产量高峰期持续时间短，缩短笋田寿命。

② 定植后，要及时查苗补苗，适时追肥，以促进芦笋的健

壮生长，定植后 2 个月左右追施一次速效肥，立秋前后结合芦笋生长情况重施有机肥，再配施适量复合肥。施肥数量及方法可参照白芦笋进行。施肥后应及时浇水，以利于植株根系对肥料的吸收。雨后要注意排水，防止笋田积水而造成植株死亡。

定植当年，由于株丛较小，覆盖率低，田间易孳生杂草，影响芦笋生长。因此，一定要及时中耕，清除杂草，疏松土壤，防止板结，促进芦笋地下茎和根系生长。结合中耕，逐次覆土，至笋行填平并略高呈龟背状，防止覆土过浅造成冬季和早春发生冻害。由于绿芦笋株行距较小，密度大，与其他作物间作，管理不便，并易加重病虫害，因此不提倡与其他作物间作。

（4）采收　绿芦笋一般在定植后第二年即可适量采收，提倡采用留母茎采收法，以保持旺盛生长势，达到稳产、高产。管理水平较高的地区，也可在春季不留母茎采收，春采结束之后，行留母茎采收。

① 采收前要及时进行清园，其次是开沟进行追肥，要用有机肥和速效肥搭配施用，有机肥一定要经过腐熟；对于土壤病害较严重的田块，可用 500 倍 50% 多菌灵药液进行土壤灭菌，或用 200 倍 "农抗 120" 药液灌根。此外，为了提早采收，也可在田间临时设立小拱棚或覆盖地膜来提高土温。

② 绿芦笋的开始采收时间比白芦笋早 10 ~ 15 天，我国北方地区一般从 4 月上旬开始，南方地区还要早一些。

绿芦笋嫩茎要求色泽深绿、鲜嫩、整齐，笋头鳞片抱合紧密，笋条直，无畸形，无病虫。采收的适宜时间从早上 9 点以后到中午前为好。采收时用锋利的刀片，将达到一定长度、符合采收标准的嫩茎贴地面割下，做到尽量缩小伤口，并将割下的嫩茎及时放入采收箱，避免阳光直射。采收结束后应立即将嫩茎分级整理装箱，用湿布盖好送收购站（图3-19，图3-20）。如果暂时不能交售，则可用湿布盖好放阴凉处保存，以防失水、散头和老化，但切忌用水浸泡，以免变味、腐烂。

图3-19　绿芦笋采收　　　　　图3-20　绿芦笋分级

（5）采收期间及采收后的大田管理

① 采收期间的田间管理。采收期较长或留母茎采收时，为满足嫩茎抽发及母茎生长对养分的需求，提高产量及品质，采收期间可追施1～2次速效肥，施肥量的多少可依据土壤肥力情况及管理水平具体确定，一般在距母茎20～30厘米处开沟，亩施复合肥30千克左右，并立即浇水，以促进肥料的吸收。绿芦笋对土壤水分的要求较高，土壤干旱缺水，嫩茎抽发少，生长缓慢，易老化，散头率高，严重影响产量及品质。因此，采收期间要适时适量浇水，保持土壤湿润，促进嫩茎的抽发及生长。对于地下水位较高的田块和雨水较多的季节，一定要做好排水工作，防止

笋田积水。

采收期间还应做好病虫害防治、除草、中耕松土等工作。

② 采收结束后的大田管理。绿芦笋采收结束后开沟重施 1 次有机肥，并配合施适量速效肥；立秋前后再追施 1 次速效肥，促进秋季嫩茎生长。做好灌溉、排水、病虫害防治、疏枝打顶、中耕松土和清园等工作，为翌年丰产打下良好基础（图 3-21）。具体可参照白芦笋进行。

图 3-21　采收后田间管理

3. 劣质笋的形成及其预防

所谓劣质笋是指不符合规格要求，出现空心、变色、弯曲、锈斑等品质低劣的芦笋。劣质笋严重影响芦笋的品质、产量和经济效益，必须针对发生原因采取措施加以克服。

（1）空心　空心是芦笋嫩茎中心髓部薄壁细胞间隙崩裂拉开所形成的，粗大的嫩茎易空心。形成原因及预防措施如下：

① 与品种有关。有的品种如玛丽华盛顿 500W、玛丽华盛顿 500、加州大学 72 等空心率高，而加州大学 157 的空心率低。

② 低温和缺水是引起空心的重要因素。采收前期，地温越低，空心越多；中后期温度升高，空心明显减少，这是北方地区空心率比南方高的主要原因。当地温达到 19℃以上时，空心率较

低。所以早春可采用地膜覆盖等措施增加地温，预防空心。

③用肥不当。偏施氮肥、缺少磷钾肥或其他元素，细胞生长膨大过快易引起空心。应增施复合肥、草木灰等，叶面喷施硼、钼等复合微肥。

④土壤条件不好。土壤黏度过大，或土壤过干过湿，易引起空心。所以，选地不应选黏土地，水分供应要均匀。

（2）老化　嫩茎老化是指嫩茎发硬，嫩茎含纤维素较多，食用后留有渣滓。这是由于表皮细胞和肉质部的维管束细胞木质化所造成的。形成的原因及预防措施如下：

①进入衰老期的芦笋和衰弱的植株嫩茎易老化。栽培中要加强肥水管理，保持植株生长旺盛，对超过经济寿命的植株应及时更新。

②高温和干旱时易老化。采收中保证水分供应，高温时要灌水降温。

③氮肥缺乏、病虫害危害时易出现老化。采收期间，可根据嫩茎情况适量增施氮肥，并注意做好病虫害的防治工作。

④一般春季前期采收的嫩茎肥嫩，以后逐渐变硬。过度采收时更硬，应正确地控制好采收时间。

⑤培土过厚或未及时采收，嫩茎生长时间过长，造成老化，特别是基部老化严重。应按标准培土，及时采收。

⑥贮藏运输时间过长或见光、风吹失水等造成老化。应在采收后及时进行加工处理，或在低温、避光、保湿条件下短时贮藏。

（3）苦味　芦笋略带苦涩味是正常现象，但苦涩味过重会影响品质。形成原因及预防措施如下：

① 苦味与植株年龄有关。幼龄芦笋或处于衰退期的芦笋苦味比壮年期重。栽培中促使植株健壮生长，增加养分积累，可降低苦味。

② 土壤黏度大、板结、偏酸或偏碱，均可引起芦笋苦味加重。所以，选地时不应选偏酸或偏碱的土地，对偏酸、偏碱的土壤应加以改良。

③ 偏施氮肥和缺少磷肥、钾肥易引起苦味。注意氮、磷、钾的配合施用。

④ 田间积水及土壤过干，易引起苦味加重。栽培中应做好高温期灌水、雨季排水工作。

（4）锈斑　指嫩茎表面带有锈状斑，主要是受镰刀菌感染所致。预防措施如下：

① 春季清园要彻底，拔除残茬，防止培土时幼茎受到污染。

② 春季减少土杂肥的施用，或用充分腐熟的土杂肥。

③ 采收时嫩茎基部留桩不宜太高，防止残茎污染邻近发生的嫩茎，产生锈斑。

④ 采笋期浇水不宜过多，避免土壤湿度过大；雨后及时做好排水工作。

（5）嫩茎弯曲

① 培土过紧、嫩芽过多，或嫩茎生长时遇石砾、瓦块等杂物，易形成弯曲笋（图3-22）。所以，种植芦笋宜选用石砾、瓦块等杂物少的土质疏松的沙性壤土，精耕细作，培土时尽量清除杂物。

②培土或采笋后填土过紧或过松，土壤紧实度不一致，易造成弯曲。所以在培土和回填土时尽可能做到松紧一致。

（6）其他次劣笋　其他次劣笋还有嫩茎炸裂、畸形、扁形笋、嫩茎变色、鳞片松散及弯头等（图3-23）。造成的原因常与品种、水分供应不匀、偏施氮肥、磷钾营养过少、培土质量差、土壤杂物多、排水不良或受病虫危害等因素有关，可通过加强管理来预防。

图3-22　芦笋嫩茎弯曲

图3-23　嫩茎炸裂

（四）主要病虫害及其防治

1.主要病害及其防治

在长江流域及华南地区，芦笋的主要病害是茎枯病、根腐病、褐斑病。零星发生的有立枯病、菌核病、炭疽病和锈病等。

（1）茎枯病　茎枯病多在地上幼茎上发生，发病部位多距地面30厘米左右，开始时出现乳白色小斑点，以后扩大成纺锤形的暗红褐色病斑，周缘呈水渍状。随着病斑扩大，中心部稍凹陷，呈赤褐，其后病斑褪色成淡褐色至黄白色，其上发生多数黑色小粒点，为分生孢子堆。病斑绕茎枝一周时，其上部干枯（图3-24）。病菌以分生孢子堆过冬，翌春散出分生孢子侵害嫩茎，在温暖多雨季节易蔓延。

防治方法： 一是清洁田园，清
理病茎及散落在田间的枯枝，运出
田外集中烧毁或深埋。二是加强肥
水管理，促进植株健壮生长，增强抗
逆性。三是采笋不宜过多，多雨季节
及时排水，降低田间湿度，或设立支
架防止茎枝倒伏，增强田间通风透光
条件。四是发病初期交替喷施波尔多

图 3-24　芦笋茎枯病

液，或甲基托布津可湿性粉剂，或百菌清可湿性粉剂，每隔 7 天
左右喷一次，连续 2 ~ 3 次。

（2）根腐病　该病由多种病菌侵染所致。发病时病菌菌丝
侵入肉质根内，造成根内部腐烂，仅留表皮。表皮表面呈赤紫
色，严重时被菌丝包围。被害植株地上部短小，茎叶变黄，叶脱
落，全株枯死（图 3-25）。

图 3-25　芦笋根腐病

防治方法： 一是严格选择定植田块，不在果园、桑园及菜园
地定植芦笋，最好选择禾本科作物为前茬，防止土壤残存病菌侵

染。二是合理采笋，防止机械损伤。田间作业时，严防伤根，采笋期不可过长，以防植株生长衰弱。三是加强肥水管理。四是药剂防治。

图 3-26　芦笋褐斑病

（3）褐斑病　枝干发病产生圆形至椭圆形、中间淡褐色、边缘深褐色或红褐色病斑，发病严重时病斑布满整个枝干。栽培密度较大，土质黏重，土壤瘠薄，管理粗放，连续阴雨天多，雨后易积水则发病重（图 3-26）。

防治方法：　选择土质较疏松肥沃的壤土田栽培，施足充分腐熟的有机肥，加强肥水管理，合理配合施用氮、磷、钾肥，适时浇水，促进植株健壮生长，雨后及时排出田间积水，收获后应及时清除田间病残体并带出田外集中销毁。发病初期，可采用杀菌药剂兑水喷雾，视病情间隔 7~10 天喷一次。

2. 主要虫害及其防治

（1）夜盗虫　夜盗虫是夜蛾科害虫的总称，其中主要是斜纹夜蛾、银纹夜蛾、甘蓝夜蛾。夜盗虫的幼虫有昼伏夜出和假死习性，成虫有趋糖醋酒性。初孵幼虫群集啃食，以后逐渐散开，除吃植株的拟叶外，还伤害幼茎，严重影响光合作用。危害严重时，可吃光叶片，仅留枝干，造成翌年大量减产。此类害虫有成群向邻地迁移的习性，以蛹和幼虫在土中过冬。

防治方法：一是用糖、醋、酒、水按 3 : 4 : 1 : 2 的比例配成溶液，再加入少量敌百虫，装入盆中，于傍晚放到田间诱杀成虫；或在田间设立黑光灯诱杀成虫。二是药剂防治：在幼虫分散以前施药，药剂于傍晚前后喷洒，每隔 10 天喷 1 次，连续 2～3 次。

（2）地下害虫

① 线纹地老虎以幼虫越冬，早春在芦笋幼茎处严重危害，将幼茎腹部穿孔，或将幼茎头部咬断。

② 金针虫以成虫或幼虫在土中 10～30 厘米深处越冬，6—7 月钻向深土层越夏，以春天 3—4 月和秋天 9—10 月危害最盛。被害芦笋的根及地下茎表面有钻入危害的孔洞，但不被完全咬断。根茎部常被咬成丝状致使植株枯黄而死，造成缺苗断垄。

③ 蛴螬是金龟子的幼虫，种类多、危害大。金龟子多白天潜伏，傍晚活动，黎明前又潜入土中。成虫可危害芦笋的各种器官，幼虫多在耕作层根系附近土壤中活动，取食、咬断芦笋根系，啃伤嫩茎及地下茎，不仅影响产量和品质，而且使病菌从伤口处侵入，引发根腐病。

防治方法：一是用糖醋酒诱杀成虫，方法参照夜盗虫。二是药剂防治。用敌百虫加土制成毒土，撒在植株周围；也可用药剂进行喷雾；还可用药剂进行灌根。

四、金针菜

　　金针菜，又名黄花菜、萱草等，属百合科萱草属的多年生宿根草本植物，是集食用、药用、观赏于一身的特色蔬菜，主要食用部分是含苞未放的花蕾。金针菜原产于欧亚温暖地区。我国自汉代就有栽培，到明代中叶，栽培已十分广泛。目前我国南至海南，北至内蒙古，西至甘肃均有栽培。近几年随着西部帮扶开发的推进，金针菜产业逐渐成为了山西、宁夏等地帮扶的重要产业。因此，金针菜主要产区也发生了转移，由江苏宿迁、湖南邵东，转为山西大同、甘肃庆阳、宁夏盐池、四川渠县等。

　　金针菜营养丰富，每100克新鲜金针菜含蛋白质2.9克、脂肪0.5克、碳水化合物11.6克、胡萝卜素1.17毫克、硫胺素0.19毫克、核黄素0.13毫克、尼克酸1.1毫克、维生素C 33毫克、钙73毫克、磷69毫克、铁1.4毫克等。金针菜色泽艳丽，味道鲜美，营养丰富，与香菇、木耳、冬笋，同为素菜中的珍品。金针菜除用于鲜食外，大多脱水干制，其干制品鲜嫩、味香、微甜，是蔬菜中的佳品，深受国内外消费者欢迎，是我国重要的出口蔬菜之一，产品销往东南亚、日本、美国、非洲等20多个国家和地区，市场前景十分看好。

　　金针菜有一定的药用功效。金针菜的花、根、苗均可入药，《本草纲目》有"草苗、花治小便赤涩，身体烦热，除酒疸，消食，利湿热"的记载。民间流行的食谱金针菜炖黄花鱼，对老年人、体弱者和产妇的虚弱、头晕等，都有显著的改善作用（图4-1）。

鲜食　　　　　　　　　　　干食

商品鲜菜　　　　　　　　商品干菜

图 4-1　金针菜食物

（一）生物学特性

1.植物学性状

（1）根　根系发达呈丛生状，主要分布在 30 ～ 70 厘米的土层内，可分为肉质根和纤细根两类。肉质根又分为长条和块状两种。长条肉质根，数量多且分布广，既是同化物质的贮藏器官，又是矿质养分和水分的输导器官，是组成根系的主体；块状肉质根短而肥大，是同化物质的贮藏器官，常在植株接近衰老时发生。每年春季首先从短缩茎的新生节处发生几条新的肉质根，再从肉质根上发生纤细根。随着短缩茎逐年向上生长，肉质根生长部位也逐年提高，俗称"跳根"现象，在栽培上应注意用有机肥进行壅蔸。新生的肉质根表皮淡黄色，内部白色、质脆、贮有丰富的养分，秋季表皮变为淡黄褐色。肉质根衰老后干枯，表皮呈褐黄色至黑色（图4-2）。

金针菜纤细根是从肉质根上长出的侧根，分叉多而且细长，分布在长条肉质根和块状肉质根的先端。纤细根为植株主要的吸收器官，以冬苗期发生较多，经2~3年后衰老变黑，不断为新生根所替代。

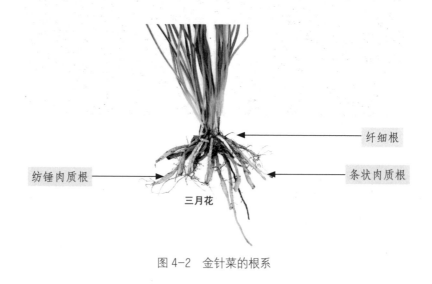

图4-2　金针菜的根系

（2）茎　在开花前为短缩茎，分蘖力强，着生有密集的叶丛和根系。开花时从叶丛中间抽生出伸长的花茎（花薹）。

（3）叶　叶丛生狭长，排列于两侧，对生于短缩茎上，叶鞘抱合成扁阔的假茎，如图4-3所示。每一假茎及其叶丛称为"1片"，实为根状茎上的一个分蘖。每株有15～20片叶，叶长40～70厘米，叶宽1～2厘米，叶脉平行，色黄绿、深绿或蓝灰绿色，叶背面主脉

图4-3　金针菜的茎

隆起如脊，叶片横断面呈"V"形。在长江中下游地区，金针菜每年发生两次青苗，第一次自3月开始长出新叶称为春苗，到8—9月花蕾采完后枯黄。割掉黄叶和枯薹后，不久即发生第二次新叶，称为冬苗，到霜降时枯死。

（4）花　春苗生长到5—6月，花薹由叶丛中心抽出，顶生总状或假二歧状圆锥花序，每一花薹有花枝4～8个，分枝处有披针形苞叶，分枝上着生单花，每一花薹陆续开花20～60朵以上，健壮植株可达200朵。花被基部合生呈筒状，上部分裂为6瓣，子房3室，分内外共两层，外层3瓣窄而厚，内层3瓣宽而薄，花瓣呈淡黄、黄绿或黄色，雄蕊6枚，3长3短，花丝长4～8厘米，雌蕊1枚，长10～14厘米。采收时花蕾长10～16厘米，粗0.7～1.5厘米，花梗长0.3～0.5厘米，多数品种的花蕾是在傍晚开放，蕾期长30～60天。如图4-4所示。

81 \\\

图 4-4　金针菜植株的地上部

（5）果实和种子　金针菜的果实为蒴果，三棱形，长约 3 厘米，成熟后为暗褐色，每一果实内含种子 10 ~ 20 粒，种子坚硬，有棱角，黑色有光泽，千粒重 20 ~ 25 克，经充分晒干后可贮藏、播种。如图 4-5 所示。

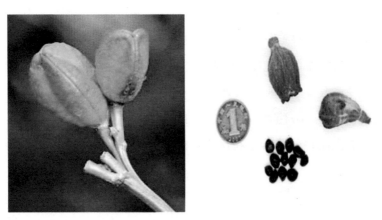

图 4-5　金针菜的果实和种子

2. 金针菜生长发育规律

长江流域金针菜每年发生 2 次新叶，称春苗和冬苗。金针菜的不同生长期见图 4-6。

幼苗期　　　　　　　抽薹期　　　　　　　现蕾期

图 4-6　金针菜的不同生长期

（1）春苗发生期

① 幼苗期　主要为叶片生长期，指从幼苗萌发到花薹开始显露前。日平均温度在 5 ℃以上时，幼苗开始出土，不同品种的出苗时期及苗期长短也有不同。从叶片萌发到抽薹前期，金针菜的叶片迅速生长。抽薹后大多数养分供给花薹生长，植株进入生殖生长阶段，新生叶片大小逐渐减小直到停止抽生。

② 抽薹期　花薹露出心叶到开始采收花蕾时为抽薹期。抽薹期一般从 5 月中下旬开始，持续 1 个月左右。花薹露出心叶后迅速生长，一直到采收前期仍在进行。

③ 现蕾期　从开始采收花蕾到采摘完毕为现蕾期。这一时期的长短决定金针菜产量的高低。品种不同其现蕾期的长短也

不同。一般早熟种与晚熟种蕾期均较短，中熟种蕾期较长，可达 60 天以上。

（2）冬苗发生期

冬苗是在花蕾采毕，割去花薹和叶丛后长出的新叶片。冬苗生长期间是植株恢复生长和积累养分的重要阶段，大部分须根在这时发生。金针菜分蘖也主要是在秋季冬苗生长时发生。

3. 金针菜对环境条件的要求

金针菜喜好温暖，地上部不耐寒，遇霜即枯死。其短缩茎和根系抗寒力强，在严寒地区的土壤中能安全越冬。苗期要求平均温度 5 ℃以上，叶片生长的适宜温度为 14 ~ 20 ℃，抽薹期和现蕾期的适宜温度为 20 ~ 25 ℃，并具有一定的昼夜温差，有利于促进植株旺盛生长，花薹粗壮花蕾多。金针菜对光照强度的适应范围广，在树冠下、屋后的半阴处也能正常生长，是果园、边角地常种作物。阳光充足，植株生长更旺盛，特别在盛花期，所形成的花蕾多而肥大。如遇连续阴雨天，光照不足，则易落蕾。

金针菜根系发达，肉质根含有大量的水分，故耐旱能力较强。植株在抽薹前需水量较少，抽薹后需保持土壤湿润，尤其在盛花期间需补充充足的水分。如盛花期水分不足，则会影响花蕾正常发育，导致花蕾小、落蕾多，产量低。

金针菜对土壤的适应性很广，能耐瘠薄，在一般土壤上都能进行栽培。为了提高其产品的产量和品质，在栽培上应选择土质疏松、土层深厚、排水良好、含丰富有机质的土壤。在地下水位高或山坳易积水的地块种植时，要注意开沟排水。充足的土壤肥力，能促进植株和根系生长，保持植株良好的生长势，同时根系积累养分多，能持续高产稳产。施肥时要以有机肥为主，合理增施氮磷钾复合肥。土壤 pH 值在 6.5 ~ 7.5 之间为最适宜。

（二）类型与品种

我国金针菜栽培品种在 50 个以上，根据采收期的早晚可分为早熟品种、中熟品种和晚熟品种（图 4-7）。常见的优良品种有：

1. 大乌嘴

江苏宿迁地区主栽品种，为国内优良品种之一。株型偏大，植株抗性较强。花薹粗壮，高达 130 厘米，5 个分叉较长，分蘗中等。花粗壮，单重 3.5 ~ 3.7 克，顶端呈褐色，花蕾大，干制率高。中熟，适应性强，抗病性较强。分蘗快，栽后 3 ~ 4 年进入盛产期，每年 6 月下旬开始采花蕾，下午 5 时至次日上午 7 时半开花，采摘适期为下午 4 时，采收期 40~50 天。花蕾大，长 12 厘米，色泽黄绿，嘴尖因有较大的黑紫色斑块，故称"大乌嘴"。其干制率和产量也优于一般金针菜，亩产干花 150 ~ 200 千克，为当地主要出口品种。

2. 小黄壳

江苏宿迁地区主栽品种。栽后 3 ~ 4 年进入盛产期，成熟期比大乌嘴早 5 ~ 7 天，6 月 20 日左右开始采收，持续 40 天，下午 6 时半开花，采收适时为下午 4—5 时，品质好，产量中等。亩产干花 100 千克左右。

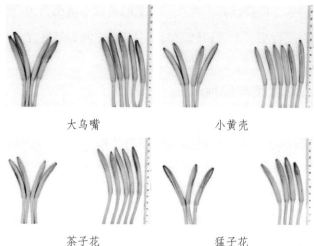

大乌嘴　　　　　　　　　小黄壳

茶子花　　　　　　　　　猛子花

图 4-7　不同金针菜品种花蕾比较

3. 丁庄大菜

早中熟品种，原产江苏宿迁。花薹粗壮，高 115 ~ 145 厘米，一般每个花薹着生花蕾 30 ~ 40 个，花蕾淡黄色，色泽鲜艳，食味佳，采摘期 30 ~ 55 天，植株分蘖、抗病虫害等能力较强。干花肉质较厚，在主产地亩产干花 130 千克左右，加工成干菜畅销我国港澳地区及东南亚各国。

4. 沙苑金针菜

陕西省大荔县品种。生长势强，耐干旱，抗病虫。花薹高 100 ~ 130 厘米。花蕾多，金黄色，长 10 ~ 12 厘米。蕾肥厚，清香，品质佳，被誉为西北特级金针菜。一般 6 月上旬开始采摘，花期 40 天左右。陕西省出口品种。

5. 茶子花

湖南省邵东县优良品种。花薹高 100 ~ 140 厘米。花蕾黄带绿色，表面有红色小斑点，干制率高，产品外观美。晚熟，抗性较弱，易发病和落蕾，产量不稳定，一般亩产干花125 ~ 150千克。为邵东县出口品种。

6. 荆州花

湖南省邵东县主栽品种。叶片较软，披散，花薹高150 ~ 200厘米。花蕾黄带绿色，顶端带褐色，长约12厘米，花被厚，干制率高，但产品的末端呈暗黑色，外观不美。采摘期50天左右。中熟，耐旱，耐热，抗病性差，不易落蕾。一般亩产干花150 ~ 200千克。为主要出口品种。

7. 猛子花

湖南省邵东县丰产品种。植株发棵快，分蘖多。花薹高140 ~ 160厘米，花蕾多，干制品淡黄色，品质好，高产，抗性强，耐旱，不易烧蕾。采摘期90天左右，叶较坚硬，虫害较少。亩产干花300千克以上。为湖南省出口品种。

8. 淮阳黄花菜

花蕾肥大，双层6瓣，有7根金针似的花蕊，包含1个雌蕊，6个雄蕊。干制后色泽金黄，菜条丰润，油分大，弹性强，久煮不烂，鲜嫩甜脆，品质优良，是全国有名的黄花菜品种，出口日本及东南亚各国，也销往我国香港地区。

9. 大同黄花菜

山西省大同市云州区一带为大同黄花菜的主产区。中熟，叶绿色，长70 ~ 110厘米，花薹高110 ~ 145厘米，一般每个花薹着生花蕾数35 ~ 75个，花蕾淡黄色，长12 ~ 15厘米，采摘期35 ~ 75天，干菜肉质较厚，在产地平均亩产干花90千克以上，植株耐旱、抗病虫害能力较强。干品金黄色，条长肉厚，味道清香，脆嫩可口。现为山西省主推品种。

（三）栽培技术

1. 选地整地

金针菜抗性强，适应性广，对土壤要求不严，平原、坡地、山岗、土丘、房前屋后及院边均可种植。但土壤以肥沃的沙壤土或黏壤土为佳。

金针菜定植后可多年生长，因此，定植前要施足基肥。每亩施腐熟有机肥 1 500 千克，复合肥 50 千克，分层施入定植沟内。

2. 栽培模式

金针菜的栽培分为露地栽培和设施栽培两种（图 4-8），设施栽培包含塑料大棚和日光温室。一般 9—10 月建棚，11 月份覆膜，11 月至翌年 6 月为大棚管理期，此期间需严格控制大棚内温度，白天最高温度不超过 33 ℃，夜间最低温度不低于 8 ℃，最适生长温度为 25 ~ 30 ℃。

露地栽培　　　　　　　　　　大棚栽培

图 4-8　金针菜不同的栽培模式

3. 繁殖方法

（1）分株繁殖　选择生长旺盛、花蕾多、无病虫、品质好的株丛作为母株，并做好标记。在花蕾采收结束到冬苗萌发之前的一段时间内，把株丛的 1/4 ~ 1/3 分蘖带根从短缩茎上割下，剪掉已衰老的老根和块状肉质根，并将长条肉质根适当剪短后即可栽植。

（2）种子繁殖　在抽薹开花盛期选花蕾多、生长健壮的优良植株，在每个花薹上留 5 ~ 6 个粗大花蕾让其开花结果，其余花蕾正常采收。蒴果成熟后，顶端稍裂开时，应及时摘下脱粒，并晒干种子备用。播种前可用机械的方法破损种子的种皮以利于吸水，或用 25 ~ 30 ℃温水浸种 2 天左右，然后置于 20 ~ 25 ℃条件下进行催芽。

苗床要先施足底肥，作 130 ~ 170 厘米宽的苗床，长度自定。在苗床上每隔 20 厘米开深约 3 厘米的浅沟，把吸足水分经过催芽的种子稀疏均匀的播入沟内，然后盖一层细土，再薄铺一层细沙。出苗前要注意浇水。出苗后及时中耕、除草，根据长势追肥 2 ~ 3 次，到秋季即可移栽。每亩苗床需用种子 2.5 千克，可育成 5 万 ~ 6 万株苗。露地播种多在 4 月上中旬进行。

4. 栽植

定植前土壤深翻 30 厘米以上，起 70 厘米宽垄，按穴距 50 厘米，挖深 30 厘米、直径 30 厘米的定植穴。穴内施肥，肥料与土拌匀，每亩施有机肥 5 000 千克、尿素 10 千克、磷酸二铵 10 千克。6 月上旬栽植种株或秧苗，每穴栽 2 ~ 3 株，浇透底水，覆土，根部埋入土中 15 厘米左右。金针菜对栽植地的土壤要求虽不严，但因栽植后生长年数长，所以仍应重视栽植地的选择，选择地下水位低的平地或水源、灌溉条件好的坡地。新开荒地必须使土壤充分风化，施足有机肥后才可种植。初冬秋苗凋萎后定植，每亩施基肥 3 000 ~ 4 000 千克，然后将种株或幼苗栽下后盖土，使根部埋入土中 10 ~ 15 厘米，一般每穴栽 2 ~ 4 株。

5. 田间管理

（1）水肥管理　施肥要根据金针菜的不同发育阶段，要求施足冬肥、早施苗肥、重施薹肥、补施蕾肥。春苗肥宜早施，最好在春苗萌发前施入，以速效性氮、磷、钾配合使用，用量视上一年秋季施肥量及土壤肥力而定，一般每亩施氮素 10 千克、过磷酸钙 10 千克，硫酸钾或氯化钾 5 ~ 8 千克。土壤肥力较高、秋肥施用较多、有机质含量较高时，苗期可以不施肥。

催薹肥从孕薹时至花蕾萌发前都可施用，一般分两次进行。第一次用化肥或饼肥混合发酵后施入，以促进花薹、花蕾发育；第二次在植株正进入旺盛的生长时期施用。每亩每次施过磷酸钙 15 千克、尿素及硫酸钾各 10 千克。催蕾肥施的时间、数量和方法要依据植株长势和天气情况灵活掌握，一般应在开始采收 7 ~ 15 天后每亩用 5 ~ 8 千克尿素水溶液浇施，采摘盛期再施尿素 5 千克左右。

从现蕾到盛蕾期可结合喷灌、浇灌、中耕乃至铺地膜等措施以保持土地含水量在 70% 左右，花蕾期要保持土壤湿润，防止花蕾因干旱而脱落。

早霜来临时施秋肥，一般每亩施粪肥 4 000 千克左右，并配合适量磷肥，适当培土，不使根系露出土面，以利短缩茎翌年提高抽薹能力和增强抗旱能力。

（2）更新复壮　金针菜一般在定植后 4 ~ 5 年进入盛产期，7 ~ 8 年产量最高，管理水平高的可持续稳产 10 ~ 15 年。壮龄期过后，植株衰老，生活力下降，抗性减弱，株丛松散，叶片短而窄小，花蕾小，产量低，应及时更新复壮，更新年限以不超过 15 年为宜。

更新复壮方法：秋季将老株丛全部挖起，选择生长旺盛、性状优良、无病虫害的株丛，从短缩茎处割开，剪除衰老、枯死根和纤细根，留根系 5 ~ 7 厘米，叶 6 ~ 7 厘米，重新进行分株繁殖。栽种前用 50% 甲基托布津或 50% 多菌灵 1 000 倍液浸种苗 10 分钟，取出后去除表面积水，趁湿栽种。

（四）主要病虫害及其防治

金针菜常见的病害有锈病、叶斑病和叶枯病等（图 4-9）；常见的虫害有红蜘蛛和蚜虫等（图 4-10）。

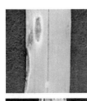

锈病　　　　　　叶斑病　　　　　　叶枯病

图 4-9　金针菜的主要病害

1. 主要病害及其防治

（1）锈病　锈病是真菌性病害，主要危害叶片，也危害花薹。春秋两季均有发生。受害部位初为黄褐色疱斑，破裂后散出黄褐色粉状物孢子，夏孢子堆多时，整个叶片变黄。植株生长后期产生黑色冬孢子堆，寄生在表皮下，严重时整株叶片枯死。

防治方法：一是加强田间管理，清除病株残叶和老叶；合理施肥，增强植株抗性，及时更换老株。二是发病初期用粉锈宁全面喷洒药剂防治，7～10天一次。

（2）叶斑病　叶斑病为镰孢霉属真菌，可危害叶片和花薹。危害叶片，病斑最早出现在嫩叶中部，梭形或纺锤形，中央灰白色，中间穿孔，边缘深褐色，湿度大时，在病斑上有淡红色霉层。危害花薹时，病斑包围整个花薹，花薹缢缩，花蕾脱落。叶斑病从3月中旬开始发病，5月中下旬危害严重，6月中旬停止发展。

防治方法：一是以有机肥为主，增施磷、钾肥，提高植株抗病能力。二是采收后及时清洁田园，撒施石灰硫黄粉。三是发病初期用多菌灵或用其他药剂，交替进行喷雾，7～10天1次，连续2～3次。

（3）叶枯病　危害叶片和花薹。在阴雨天多、湿度大、排水不畅的田块发病重。危害叶片时，初期产生水渍状小点，以后沿叶脉扩展成褐色长卵形病斑，严重时整叶枯死，最后呈灰白色。花薹受害多在下部靠近地面处，初期为水渍状小斑点，后呈褐色长卵形斑点，严重时花薹枯萎。叶枯病从5月上旬开始发生，6月上中旬危害严重。

防治方法：一是加强田间管理，雨季做好排水工作，合理施肥，提高植株的抗性。二是化学防治，参照叶斑病的防治方法。

2. 主要虫害及其防治

（1）红蜘蛛　主要在叶背刺吸汁液危害。被害叶最初出现小白斑，连片时叶片呈灰白色，满带丝尘末，向下卷曲，叶脉呈赤色条斑，进一步发展致叶片枯黄，抽不出花蕾或花蕾干瘪。如图 4-10 所示。

防治方法：一是加强田间管理，清除田间残株、病叶、老叶。二是药剂防治，用安全有效的除螨药剂进行喷洒，每周 1 次，连续 2 ~ 3 次，采收前 10 天停止喷药。在花蕾采收结束后，也可喷洒药剂，杀死幼虫和卵。

（2）蚜虫　主要发生在 5 月份。先群集于叶片背面危害叶片，以后扩展至花蕾、花薹上刺吸汁液。被害后花蕾瘦小，容易脱落。如图 4-10 所示。

红蜘蛛　　　　　　　　　　　蚜虫

图 4-10　金针菜的主要虫害

防治方法：一是加强田间管理，清洁田园，及时查苗，做到早防治。二是药剂防治，在发病初期进行喷药，每周喷 1 次，采收前 10 天停止使用。花蕾采收期，可选生物农药如鱼藤精，或用棉油皂，切片，用少量热水化开再加水搅匀喷洒。

（五）采收与保鲜、加工技术

1. 适时采收

金针菜的采收要把握好"三适"：一是适宜的采摘时机；二是把握好适当的采摘标准；三是合适的采摘方法。采收一定要及时。金针菜一般是傍晚开花，次日凋萎。如制干用，应在开放前 1 ~ 2 小时采摘，所以都是在下午采摘，过早采摘产量低，干制的成品带黑色；过迟采摘，花已开放，花药破裂，也会影响干制品的质量，贮藏期间易遭虫害。雨天多会因水分充足，花蕾生长过快，开放较早，采摘时间应适当提前。

采摘时要细致，带花蒂不带花梗，不损坏花朵。采摘后要及时蒸锅、晒干，利用高温蒸汽热迅速杀死细胞活性，保持营养物质并加速干燥。花蕾采收期一般为 30 ~ 60 天。采收的标准是花蕾饱满、长度适宜、颜色黄绿、花苞上纵沟明显、蜜汁显著减少。金针菜加工制干要选择花蕾肥大、充分发育而未开放的黄花。

2. 金针菜的保鲜技术

金针菜采收正值高温季节，采后呼吸作用增强，呼吸强度可达到 0.54 ~ 0.61 毫克 /（时·千克）。因此，金针菜在常温下的耐贮藏性较差，一般情况下采后 2 天全部开花，第 4 天开始腐烂。

目前常用的保鲜技术有以下几种：

（1）冷藏保鲜　冷藏是通过低温抑制呼吸作用，进而减弱果蔬的生理代谢活动，从而达到保鲜目的。温度对贮藏期间金针菜的呼吸强度影响显著，冷藏可明显抑制金针菜的呼吸作用，保鲜效果较好。在 0 ~ 5 ℃低温下贮藏花蕾长为 7 ~ 8 厘米的金针菜，保鲜期可达到 3 ~ 4 天以上，5 ~ 6 厘米长花蕾的金针菜则可保鲜 7 天。

（2）气调贮藏　气调贮藏是指改变新鲜果蔬产品贮藏环境中的气体成分，通常是增加 CO_2 浓度和降低 O_2 浓度，以抑制果蔬的呼吸作用，延长果蔬的保鲜期。气调贮藏还可明显抑制果蔬成熟和衰老过程中乙烯的生成，防止病害的发生，从而更好地保持产品原有的色、香、味和营养价值。在较低温度下用小袋包装气调贮藏金针菜，可以明显延缓金针菜的衰老，有效延长其保鲜期。

（3）化学保鲜　化学保鲜是一种快速有效的果蔬保鲜方法，通过利用防腐剂、抗氧化剂、腌渍、烟熏等方法对果蔬产品进行保鲜，从而延长其贮藏时间。用化学保鲜剂处理金针菜，保鲜期可达 8 天。

（4）辐射保鲜　辐射保鲜是指采用低剂量辐照作用于果蔬产品，从而抑制呼吸作用和内源乙烯的产生及过氧化物酶活性等而延缓果蔬成熟衰老，进而延长果蔬的保鲜期。其具有节约能源、成本低、无化学污染、无残留、较好地保持食品原有质量等优点。紫外线加抽气减压处理新鲜金针菜，低温或常温下金针菜的最长保鲜期可达 10 天。

（5）其他贮藏保鲜方法　果蔬的贮藏保鲜技术还有生物保鲜技术、减压贮藏、低温速冻技术等。生物保鲜技术在果蔬中的应用主要包括利用微生物菌体及其代谢产物、生物天然提取物及基因工程进行保鲜这 3 个方面，具有贮藏空间小、贮藏条件易控制、处理目标明确、节省资源等优点。减压贮藏是指在冷藏基础上将密闭环境中的气体压力由正常大气状态降至负压，造成一定的真空度后贮藏新鲜果蔬产品的一种方法。对采摘后的金针菜立即进行真空预冷，小袋包装后进行冷藏，其食用贮藏期可达 20 ～ 30 天。

3. 金针菜的干制加工

目前，金针菜的干制主要利用烘房形式进行，工艺流程如下：原料收购→挑选→蒸制→摊晾→烘晒→分级挑选→计量包装→贮藏。

（1）原料收购　因金针菜采收的时间性很强，所以应酌情安排好收购时间。采摘后应立即收购，收购的标准是：花蕾发育饱满，含苞未放，长度适宜，花蕾中部色泽金黄，两端呈绿色，顶端紫点褪去，花苞上纵沟明显。

（2）挑选　剔除畸形、霉烂、带虫或受其他污染的金针菜，防止玻璃、木屑、石子、钉子、小塑料片等杂物混入。

（3）蒸制　采收的花蕾要及时蒸制，以蒸汽热烫最佳。将采下的花蕾分层轻轻放在蒸笼内，蒸筛每平方米装鲜蕾 10 千克左右，使其保持疏松状态，然后将蒸筛放在烧开的沸水锅上，加盖盖严。蒸笼中部温度达 70 ℃后，保持 10 ～ 15 分钟。最初 5

分钟要大火猛烧，以后用文火，以便将金针菜全部蒸熟。一般以颜色由原来的鲜黄绿色变为黄色，手捏略带绵软，呈半熟状态，体积约减少 1/2 时出锅为宜。

（4）摊晾　将蒸好的花蕾放在竹席上，利用余热调剂蒸制的熟度，收敛花蕾表皮上的糖分，通过堆放达到熟度均匀，一般摊开晾一夜。

（5）烘晒　每烘盘装蒸好的金针菜数量以 5 千克为宜。烘房先升温至 85 ~ 90 ℃，然后进菜，由于金针菜的吸热，使烘房温度很快降到 60 ~ 65 ℃，保持 12 ~ 15 小时，再将温度降到 50 ℃以上，至烘干为止。在烘烤中，应注意通风排湿，使烘房中的相对湿度降低至 60% 以下。干制期间进行 2 ~ 3 次倒盘翻菜。

（6）分级挑选　分级的目的是使成品品质符合规格标准。分级时将产品分为标准成品、废品和未干透制品 3 个部分，也可按照客户要求进行人工分级，除去杂物。

（7）计量包装　干制品包装前需要进行预处理，主要技术措施如下：

① 回软，又称为均湿、发汗或水分的平衡。目的是使干燥的果蔬经过短暂的贮藏，进行内外水分的转移，使各部分含水均衡，质地呈柔软状态。回软在贮藏室的密闭容器中进行，需 2 ~ 3 周即可达到目的。

② 压块，因干制品体积松散，在包装前需要经过一次压缩，使其体积大为缩小，以便于包装。压缩体积也减少了空气，增强了干制品对虫害和氧化作用的抗性。压块，应在干燥后趁热进行，如果干制品已经冷却，组织变硬脆，则极易压碎，此时应先

用蒸汽加热，再行压缩。

检验后用包装袋进行计量包装，可用复合塑料袋或双层塑料袋装好，挤出空气，收口扎紧密封。还可用大缸装好压实密封。

（8）贮藏 贮藏库必须保持清洁，定期消毒，并有防霉、防鼠、防虫设施。库内物品应当与墙壁、地面保持一定距离。库内不得存放有碍卫生的物品，同一库内不得存放相互污染或者串味的食品。

许多农户用竹帘、竹席或直接用蛇皮袋铺在地上，将采收后的金针菜花蕾放在其上，厚度2～3厘米，利用太阳光进行曝晒，每2～3小时翻动一次。晚上将花蕾收起，覆盖防潮，一般经过2～3天的曝晒，花蕾含水量降到15%左右，用手捏紧不发脆，松开后自然散开不粘连即可进行分装贮藏或上市。如图4-11所示。

图4-11　金针菜晾晒

4. 干制金针菜出口标准

（1）感官指标　详见表4-1。

表 4-1　干制黄花菜感官分级

项目	级别		
	一级	二级	三级
色泽	色泽浅黄或青黄色（同一产品要求色泽一致），蕾尖微带黑色，均匀，有光泽；无青条菜。乌嘴品种菜头呈褐色	色泽金黄色或棕黄色，均匀，有光泽；青条菜比例≤1%。乌嘴品种菜头呈褐色	色泽黄棕，青条菜比例≤2%，乌嘴品种菜头呈褐色
气味	具有黄花菜特有的气味	无霉味和其他异味	无霉味和其他异味
形状	干蕾条形均匀，长度相对一致，开花菜和油条菜的比例均≤0.5%	干蕾条形均匀；开花菜比例≤1%；油条菜比例≤2%	开花菜比例≤1%；油条菜比例≤2%
肉质	质地脆，肉质肥厚	质地脆，肉质较肥厚	质地脆
杂质	无杂质	杂质质量比例≤0.5%	杂质质量比例≤0.5%
其他	无虫蛀	虫蛀菜比例≤0.5%	虫蛀菜比例≤1%

注：本表及表 4-2 内容参考了黄花菜国家标准草案。

（2）理化指标　含水量不超过 15.0%；总酸含量（以柠檬酸计算）不高于 3.0%；总糖含量不低于 37.5%；蛋白质含量不低于 11.0%。

（3）卫生要求　干制黄花菜感官分级详见表 4-2。

表 4-2　干制黄花菜感官分级

项目		指标
砷（以As计）	≤	0.5
铅（以Pb计）	≤	0.2
敌敌畏（dichlorvos）		不得检出
乐果（dimethoate）		不得检出
敌百虫（trichlorphon）	≤	0.1

项目		指标
多菌灵（arbendazim）	≤	0.5
亚硫酸盐（以SO_2计）	≤	200
亚硝酸盐（以$NaNO_2$计）	≤	4.0
硝酸盐[以NO_3^-计]	≤	3 000

（4）包装　应采用防潮包装，包装质量和规格符合运输与贮存要求，包装材料应干燥、卫生、无毒、无污染，符合食品卫生要求。

（5）运输　产品在运输中严禁日晒、雨淋，要防潮，运输工具必须清洁卫生，不得与有毒、有害、潮湿物品混装、混运。

（6）贮存　产品应在清洁、阴凉、干燥、通风条件下贮存。堆码应离墙壁50厘米、离地面20厘米以上，不得与易燃、腐蚀、有毒、有害、潮湿物品共同贮存。鲜花应贮存在0～5 ℃的环境中，不得与有毒、有害、有异味物品和有损产品品质的物品混存。

五、百合

百合，别名夜合、野百合、山百合等，为百合科百合属多年生草本植物（图5-1、图5-2）。原产于亚洲东部的温暖地带，广泛分布于中国、朝鲜、日本。

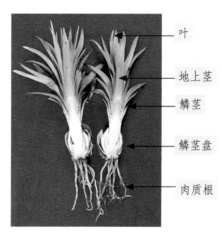

叶
地上茎
鳞茎
鳞茎盘
肉质根

图5-1　百合产品示意图　　　图5-2　百合幼苗及各部分名称

百合在我国栽培历史悠久，《尔雅》记载："百合小者如蒜，大者如碗，数十片相累，状如白莲花，故名百合，言百片合成也。"百合鳞茎不仅含有丰富的营养成分，还有一定的药用价值，有滋补强壮、润肺止咳、清热利尿、安神等功效，产生了一些百合特色产品及菜肴（图5-3、图5-4）。

经长期生产实践，我国积累了丰富的品种资源，形成了许多著名的百合产地，如江苏宜兴、浙江湖州、山东莱阳等。

图 5-3　百合干

图 5-4　百合美食

（一）生物学特性

1. 植物学性状

（1）根　可分肉质根和纤维状根。肉质根着生于茎盘底部，发生较早较粗壮，无主侧根之别，根毛少，分布在 40 ~ 50 厘米深的土层内，吸收养分能力较强（图 5-5）。纤维状根着生在地上茎入土部分的茎节四周，呈水平状向周围延伸，发生较迟，根形纤细，其数量多，能起到吸收养分和固定植株的作用（图 5-6），纤维状根的分布范围为土壤的浅层。

图 5-5　百合肉质根

（2）茎　百合的茎可分为鳞茎和地上茎。鳞茎生长在土中，由数十片鳞片状叶（鳞片）和短缩茎组成一个子鳞茎，子鳞茎着生在鳞茎盘上，由多个子鳞茎相互抱合成一个大鳞茎，又称为"母鳞茎"。鳞片是肥大的叶的变态，色微黄或洁白，能连续生长 2 ~ 8 年，是贮藏器官同时也是产品器官（图 5-7）。

图 5-6　百合纤维状根

图 5-7　百合鳞茎示意图

百合的地上茎由茎盘的顶芽形成，茎高 100 ~ 130 厘米，直立坚硬，不分枝。茎表皮光滑或有白色茸毛，皮呈紫褐色或绿色。有的品种在地上茎叶腋间产生圆珠形的"气生鳞茎"，紫褐色，又称"珠芽"（图5-8）。有的品种在地上茎基部入土部分，长出次生小鳞茎，又称"籽球"。珠芽和籽球都可作繁殖材料。

图5-8　百合地上茎示意图

（3）叶　叶全缘，互生，无叶柄和托叶，叶脉平行，叶为绿色至深绿色，叶面角质层较发达，叶表有蜡状白粉。叶形有披针形和条形，披针形叶宽大而长，一般大小为（1.5 ~ 2.0）厘米×（10 ~ 18）厘米；带形叶则狭长，一般大小为0.2厘米×11.5厘米（图5-9）。

图 5-9　百合叶示意图

（4）花　百合的花为总状或伞状花序，单花为喇叭形或钟形，开花后向外反卷。花形大而鲜艳，具有香味，花色有白色、绿色、黄色等，有较高的观赏价值（图 5-10）。开花结实形成蒴果，为长椭圆形、近圆形，每果种子数多，种子扁平，黄褐色。

图 5-10　百合花示意图

2. 百合生长发育规律

将子鳞茎从母鳞茎分开作种球栽植，其生长发育周期可分为5个阶段。

（1）播种越冬期　百合从8月下旬至10月中下旬播种，鳞茎在土中越冬，翌年3月中下旬出苗。在此期间，子鳞茎底盘萌发出种子根，即下盘根；翌年子鳞茎中心腋芽长成为地上茎的芽，并分化叶片，但未出土。

（2）幼苗期　从出苗到珠芽分化。此生长过程在次年3月中下旬至5月进行，地上茎芽开始出土，茎叶陆续生长，地上茎入土部分开始长出上盘根，起着吸收和支持固定地上茎的作用。当地上茎高达30～40厘米时，珠芽开始在叶腋内出现。

（3）珠芽期　从珠芽分化到珠芽成熟。此发育过程在5月上中旬至6月中下旬完成，在珠芽生长过程中，如抹除地上茎顶芽，则生长速度可加快，约1个月珠芽成熟，如不采收，珠芽即脱落。此外，新分化的子鳞茎生长也在加快，逐渐膨大，使老子鳞茎的鳞片分裂突出，形成新的鳞茎体。

（4）现蕾开花期　百合通常在6—7月现蕾开花，此期地下新的鳞茎体迅速肥大，茎高生长加快，叶片快速扩大。

（5）成熟收获期　7月末，地上茎叶逐渐枯黄，茎叶全部枯死时就可收获，但这时收获的鳞茎不宜留种，地下鳞茎有10多天的完熟期，留种的应到立秋以后才可收获。

3. 百合对环境条件的要求

百合对环境条件的要求详见表5-1。

表 5-1　百合对环境条件的要求

环境条件	要求
温度	喜冷凉，地上茎不耐霜冻，秋季霜冻来临前即枯死。鳞茎耐寒能力强，一般可耐-10℃的低温。早春平均气温在10℃以上时顶芽出土，幼苗出土后不耐霜冻，温度低于10℃时生长受抑。地上茎生长的适宜温度为17~24℃，气温高于28℃时生长不良，高于33℃以上时，茎叶枯黄死亡。花期平均温度在24~29℃时生长最好
光照	耐阴性较强，怕高温强光照，但在生长的前期和中期喜光，特别是在现蕾开花期，光照不足花蕾易早衰脱落。百合为长日照植物，长光照能促使其提早开花；反之，光照长度不足则延迟开花
水分	喜干燥，怕涝，适宜生长在土层深厚、排水良好、疏松肥沃的沙壤土中
肥料	氮肥宜早施、重施；磷肥作基肥底施为宜；钾肥则应早施。三者的施用比例为1∶0.6∶1。土壤的酸碱度一般以5.7~6.3之间为宜

（二）类型与品种

我国作为蔬菜栽培的百合主要有卷丹百合、川百合和龙牙百合等。

1. 卷丹百合

卷丹百合原产太湖地区。鳞茎扁圆球形，鳞片宽卵形，白色微黄，淀粉含量高，味浓略有苦味。叶条形，叶腋间易生珠芽，常用作繁殖材料。花橘红色，下垂，花被橙红色，正面有黑色斑点，向外反卷，花大而美丽，也可作花卉栽培。

代表品种有宜兴百合（图5-11）等。宜兴百合为江苏特产，

为卷丹百合的一个变种。鳞茎扁
球形，白色微黄，鳞茎高 3 ~ 6 厘
米，横径 5 ~ 9 厘米，平均重 70
克。肉质软糯，味浓略带苦味，食
用时需加适量的糖。

2. 川百合

川百合为山丹类百合。鳞茎扁
球形或宽卵形，白色，鳞片宽卵形
至披针形，白色，含糖量高，味甜，
无苦味。叶条形。花橙黄色下垂，

图 5-11　宜兴百合

花被内轮宽于外轮，向外翻卷。花单生或 2 ~ 3 朵排成总状花序。

3. 龙牙百合

龙牙百合为白花类百合。鳞茎球形，色洁白，味淡无苦味，
鳞片披针形、无节，抱合紧密。叶散生，倒披针形。花乳白色，
又称白花百合。

（三）栽培技术

1. 种球选择与培育

（1）种球选择　目前生产上的栽培品种很多，其中兰州百
合、卷丹百合对江苏省气候条件较为适应，高产优质，在我省栽
培推广面积最大。对于不同种类的百合，各地有不同的种球培育
方法。通常种球要求：鳞片洁白、抱合紧密、大小均匀、圆整，
表面无污点、无病斑、无损伤，单个重 50 ~ 70 克，含 4~6 个饱
满子鳞茎，直径 10 厘米左右者为佳（图 5-12）。

（2）种球培育 种球培育通常是将未达到种球标准的播种材料，如小鳞茎、珠芽、鳞片等，经培育后达到种球标准的过程。常见的有：

① 子鳞茎培育种球法。在百合鳞茎采收时，将腋芽形成的、着生于茎秆基部土壤中的、一般在 30 克以下的子鳞茎进行

图 5-12 优质种球示例

单收单藏，在初冬或早春进行播种（图 5-13）。出苗后加强肥水管理，并及时中耕除草、摘除花蕾。秋季采收鳞茎后，再适时播种培育，经 2～3 年的培育，小鳞茎可达到种球标准。

图 5-13 优质播种用子鳞茎示例

② 珠芽培育种球法。此方法适用于能产生珠芽的品种，常见的如宜兴百合（图 5-14）。先将在夏季植株上采收的成熟珠芽进行沙藏，当年 9—10 月进行播种。播种时在苗床上按行距

图5-14　优质播种用珠芽示例

12～15厘米，开深3～4厘米的播种沟，在沟内按5厘米左右的间距进行播种，播种结束后，覆盖3厘米左右厚的细土，最后覆盖一层稻草或麦秸。翌春出苗后应及时进行追肥促进幼苗的生长。秋季叶片枯萎后挖出鳞茎（大小1～2厘米），并在另设的苗床上将小鳞茎播种培育，经连续栽培2～3年，可形成种球。

③鳞片培育种球法。是百合无性繁殖中最常用的、繁殖系数最高的方法，主要适用于龙牙百合、兰州百合等不产生珠芽的品种。秋季地上部叶片开始枯黄时，选择洁白、圆整、鳞片抱合紧密、中等大小的鳞茎，剥去鳞茎表面的质量差或干枯鳞片，然后从茎盘上逐个将里层鳞片剥离，再将剥下的鳞片放入500倍多菌灵或克菌丹水溶液中灭菌30分钟，取出阴干后进行播种繁殖。南方地区一般在处暑前后进行播种，在适宜的温湿度条件下，一般经过15～20天，可在鳞片下端发生很小的子鳞茎。翌春子鳞茎萌芽出苗后，追施肥料促进其生长，到第二年秋季可形成直径1厘米左右的子鳞茎，然后再将子鳞茎培育成球。

2. 整地与播种

（1）园地选择　百合性喜干燥阴凉，怕水渍，要选择地势高爽、排水良好、土层深厚、肥沃疏松、pH值为5～7的沙质壤土种植（图5-15）。不宜连作，必须实行3～4年以上的轮作，前茬作物以豆类为好。

图 5-15 适宜园地及整地示例

（2）整地施肥　种植前土壤要深耕 25 厘米左右，经晒垡后耙碎，根据排水条件作宽 1 ~ 2 米的高平畦，畦与畦间留宽 30 ~ 50 厘米、深 20 ~ 25 厘米的排水沟（图 5-15）。整地前，一般每亩施猪粪或羊粪 2 500 千克、过磷酸钙 18 千克、硫酸钾 10 千克或草木灰 50 千克作底肥。所施的农家肥一定要经过充分腐熟，并与土壤充分混合均匀，避免种球与肥料直接接触引起腐烂。

（3）播期　播种的种球要求已完成休眠阶段，根系开始萌动，然后将种球按大、中、小分级，以便分级栽培，分级管理。播种时将鳞茎底部已发出的根剪去。播种的适期是在外界气温平均在 20 ℃左右时，江苏地区一般在 8 月下旬至 9 月上旬播种。

（4）播种密度　首先根据品种、种球大小、土壤肥力等确定适宜的栽植密度。一般兰州百合播种密度为 8 000 株 / 亩（株距 25 厘米、行距 30 厘米）、宜兴百合为 13 000 株/亩（株距 20 厘米、行距 25 厘米）、卷丹百合为 15 000 株/亩（株距行距均为 20 厘米）。用 50% 多菌灵及甲基托布津可湿性粉剂 500 倍液浸种 20 分钟左右，晾干。然后按要求的株行距开 9 ~ 12 厘米深的沟，把种球茎盘朝下摆正，覆盖细土，厚度为种球高度的 3 倍，再盖一层稻草，用来保温、保湿、抑制杂草孳生（图 5–16）。

图 5–16　播种示例（开沟、播种、覆土）

3. 田间管理

（1）出苗前管理　此期管理的中心是早出苗、出好苗。主要技术措施如下：

① 8月下旬至9月上中旬播种后，气温还高，杂草生长旺盛，应及时做好中耕除草，晒白表土，以利土壤通气、保墒，促进百合根系的生长。

② 冬季来临后，至1月前后，抓住晴天进行施肥和培土。此次施肥多用圈肥、堆肥，每亩用1 000千克和80千克草木灰一起撒施，然后用经过晒垡的细土进行覆盖，覆盖的厚度以盖没肥料为度。施肥培土后，可根据具体情况扣上地膜来增加保墒能力、提高地温，促进根系的生长和早春的早出苗。

③ 江苏地区冬季雨水多，容易造成大田长时间土壤湿度过大，土壤温度上升慢，通气性差，根系发育不良。采用地膜覆盖保护、及时疏通排水沟降低地下水位是较为重要的措施。土壤过分干旱时，也应注意浇水，以防止鳞茎失水干枯。但浇水量不宜过大，以免影响土温的提高，以土壤湿润为度。

（2）幼苗期管理　此期管理的中心是促进秧苗早发，确保健壮生长。百合的地上茎由种鳞茎中心的茎盘上抽生出来，尖端露出地面，即为出苗，一般在3月中下旬，日均温稳定在10 ℃以上就可出齐苗。主要管理技术措施如下：

① 揭膜。采用地膜覆盖栽培，在3月中下旬应及时揭除地膜，防止高温灼伤嫩芽。

② 松土除草。在晴天及时进行松土除草，有利于提高地温、促进百合苗的生长。

③ 覆盖稻草或麦秸。出苗时加盖稻草或麦秸，以增加保墒、灭草、防雨淋土壤板结、保温调温。一般每亩覆盖稻草 400 千克左右，不宜过厚，以免影响幼苗的出土生长。

④ 及时追肥。在清明前后，百合苗高约 10 厘米时，要及时进行追肥，促进幼苗的生长，每亩可施圈肥 2 000 千克，或用速效氮磷钾复合肥 20 千克进行追肥。

（3）生长期管理　此期管理的中心是适当控制地上部生长，促使营养物质在地下鳞茎积累。5 月上中旬，百合植株叶腋内珠芽开始出现，地下部新的子鳞茎已突破老子鳞茎的鳞片，植株开始由营养生长转向生殖生长。此时幼鳞茎鲜嫩多汁，在高温、高湿、土壤通透性差的情况下易引起腐烂和引发病害，因此，在雨后要及时清沟排水，拔除田间杂草，加强田间通风并降低田间湿度。在干旱时及时浇水保持土壤湿润。进入 5 月下旬时，苗高 40 ~ 45 厘米，应选晴天及时打顶，并摘除花蕾，减少养分消耗，促进鳞茎发育，提高鳞茎产量。对不用珠芽来繁殖的，也可及早把珠芽抹掉。此期应根据植株的长势适当控制肥水，不能偏施、重施氮肥，以免引起茎叶的徒长。缺肥时可适量施用速效复合肥，也可叶面喷施 0.2% ~ 0.3% 的尿素和 0.2% 的磷酸二氢钾混合液肥。

（4）适时采收　百合的采收分为青收和黄收。所谓青收，是指在 6 月下旬至 7 月上旬，植株基部 1/3 左右的叶片变黄时采收，此时百合鳞茎肥大接近最大值，鳞片含糖量达最高值，主要用作菜用。所谓黄收，是在 8 月上旬，地上部叶片完全枯黄，植株体内养分转移已完成，鳞茎淀粉含量达到最大值时采收。此时的鳞茎已进入休眠期，含水量较低，最适合加工干制百合和药用。留种用百合也应在叶片枯黄后采收（图5–17）。

采收百合时，应尽量避免挖伤鳞茎，做到轻拿轻放，对不同用途的要进行分级、分装。采收的鳞茎，应及时运往加工厂或贮藏地，避免阳光直射引起质变和干燥后百合表皮变色。

图5-17　百合黄收示意图

（四）主要病虫害及其防治

百合的病害主要有叶枯病、疫病、幼苗性软腐病、病毒病等。害虫有金龟子、地老虎等。

1. 主要病害及其防治

（1）叶枯病　危害叶片、花蕾、茎和花。幼嫩的茎叶顶端染病，导致茎生长点变软腐败。叶部染病形成黄色至赤褐色圆形或卵圆形斑，病斑四周呈水渍状。湿度大时，病部产生灰色霉层，即病原菌的分生孢子。花蕾染病，初生褐色小斑点，扩展后引起花蕾腐烂，严重时很多花蕾粘连在一起。湿度大时，病部长出大量灰霉，后期病部可见黑色细小颗粒状菌核。茎部染病，常见缢缩而倒折。个别鳞茎染病，引起腐烂。

防治方法：一是选用健康无病鳞茎进行繁殖，田间要注意通风透光，避免栽植过密，促进植株健壮，增强抗病力。二是冬季或收获后及时清除病残株并烧毁，及时摘除病叶、清除病花，减少菌源。三是发病初期喷洒碱式硫酸铜悬浮剂，或甲基硫菌灵可湿性粉剂等。为防止产生抗药性，提倡合理轮换或复配使用。采收前7天停止用药。

（2）疫病　又称脚腐病，主要危害茎、叶、花、鳞片和球根。茎部染病，初期呈水渍状褐色腐烂，逐渐向上下扩展，加重茎部腐烂，使植株倒折或枯死。叶片染病，初生水渍状小斑，扩展成灰绿色大斑。花染病，呈软腐状。球茎染病，出现水渍状褐斑，扩展后腐败，产生稀疏的白色霉层。

防治方法：一是采用起垄栽培法，畦面要平，以利雨后排除积水。出现病株，及早拔除，并移到田外集中烧毁或深埋。二是施用充分腐熟的有机肥，采用配方施肥技术，适当增施钾肥，提高抗病能力。三是发病初期，喷洒药剂防治。

（3）细菌性软腐病　主要危害鳞茎，初生灰褐色水渍状斑，逐渐扩展向内蔓延，造成湿腐，致整个鳞茎形成脓状腐烂。

防治方法：一是选择排水良好的地块，种植过程中注意及时排水。二是生长季节避免造成伤口，挖掘鳞茎时不要碰伤，减少感染。三是必要时喷洒绿得保悬浮剂，或加瑞农可湿性粉剂，或农用链霉素。

（4）病毒病　病毒病主要以预防为主。

防治方法：一是选用抗病品种或无病鳞茎繁殖。二是加强田间管理，使植株健壮生长。三是适当增施磷钾肥，增强抗病力。四是拔除受害严重的植株。五是防治蚜虫，减少病毒的传播。

（5）根结线虫病　可用药剂灌根防治。

2. 主要虫害及其防治

危害百合的害虫主要有蚜虫、金龟子、地老虎。

防治方法：对蚜虫防治，可清除越冬虫源，铲除田块及附近杂草；用药剂喷雾防治。防治金龟子、地老虎可用药剂浇灌土壤。

（五）贮藏保鲜技术

百合贮藏运输过程中易出现褐变、腐烂。目前采收后大多是土法贮藏，如沙藏、窖藏，由于土法贮藏不易管理，温湿度条件不易控制，因而容易导致贮藏失败造成损失。"微型节能冷库 + 保鲜剂"保鲜技术是一项有推广前途的新技术，该技术流程如下：

适时采收→整理（去除茎秆泥土，剪掉须根）→遴选→保鲜剂处理→晾干→装箱（装入内衬保鲜袋的箱或筐中）→预冷（放入 –2 ～ 0 ℃冷库中充分预冷，然后扎保鲜袋口）→上架或码垛。

六、枸杞

　　枸杞系茄科枸杞属多年生小灌木或丛生植物，别名：枸杞头、枸杞菜。枸杞原产中国，分布于温带和亚热带的东南亚以及欧洲等地。我国有悠久的枸杞栽培和利用历史，早在3000多年前成书的《诗经·小雅》有"涉彼北山，言采其杞"、《本草纲目》有"春采叶（名天精草），夏采花（名长生草），秋采子（名枸杞子），冬采根（名地骨皮）"的记载。由此可见，枸杞全株都有较高的开发价值，不仅可作菜用，而且也是名贵的中药材（图6-1）。

　　中国栽培枸杞较早的地区在甘肃的张掖一带，产品被称为"甘枸杞"，果实品质好，是著名的特产区。20世纪50年代，河北、青海、山西、新疆等省、自治区引种枸杞获得成功，目前已成为甘枸杞的主要产区。作为菜用枸杞栽培，主要在广东省、广西壮族自治区以及台湾省。在长江流域则多为半野生栽培，主要在春季作为野菜采摘嫩芽作菜用。

　　枸杞的嫩茎叶作菜用，用开水稍加漂烫，沥水后切成碎段，加佐料即可制成美味的凉菜；也可用嫩茎叶与肉类一起烧煮，做成各种佳肴或汤（图6-2，图6-3）。枸杞的嫩茎叶中富有营养，每100克枸杞鲜嫩茎叶中平均含蛋白质3.0、脂肪1.1克、糖类8.0克、灰分1.7克、维生素C 58毫克、烟酸1.3毫克、钙15.5毫克、铁3.4毫克、磷32～67毫克，所含蛋白质、维生素C、铁等营养物质远远高于等量鲜果中的含量。常食枸杞嫩茎叶有清热解毒、明目清肝、养阴补血等功效。

枸杞的果实俗称枸杞子，每100克果实含蛋白质4.0克、脂肪0.8克、糖类12.0～19.0克、有机酸0.45～0.55克、粗纤维1.62克、氨基酸0.3～0.7克、灰分0.95克、维生素C 34.0毫克和胡萝卜素0.52毫克。除含有丰富的维生素、矿物质等以外，还含有对人体有益的甜菜碱、枸杞多糖、黄酮、肽类、萜类、酸浆红素等和人体必需的多种氨基酸。果实可生食、泡茶、泡酒、做羹、做菜、煮粥，还可与蔬菜、药材等配制成药膳，美味又保健（图6-4，图6-5，图6-6）。

图6-1　干枸杞果实

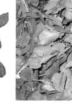
图6-2　菜用枸杞头

图6-3　清炒枸杞叶

图6-4　枸杞茶

图6-5　枸杞酒

图6-6　枸杞盆景

图 6-7　枸杞扦插苗侧生根形态

（一）生物学特性

1.植物学性状

（1）根　枸杞野生苗有明显而发达的垂直主根；栽培枸杞的垂直根较弱，水平根系发达，在地面下 30 ~ 40 厘米长的根段上有大量的细侧根。幼龄根根皮薄不开裂，但随着植株的生长，根不断加粗，根皮也随之加厚，并出现条状开裂。根皮的颜色为黄色或锈黄色（图 6-7）。

（2）茎　枸杞为多年生落叶小灌木，野生植株高 20 ~ 100 厘米，栽培植株高 100 ~ 150 厘米。树皮条状沟裂，呈灰白或灰黑色。枝条弧形下垂、直垂或平展，枝上有针刺，节间较短。结果枝一般长 20 ~ 60 厘米，直径 0.2 ~ 0.4 厘米。当年生结果枝呈灰白、青灰或青黄色；二年生以上的结果枝，为灰褐色或灰白色（图 6-8）。

（3）叶　叶形有披针形、长披针形或卵状披针形等，全缘，有短叶柄，簇

图 6-8　枸杞一年生茎（左）及灰白色小灌木茎（右）

生，叶色绿（图6-9）。一般来说，果用种，叶形较细长，叶肉薄，味淡；菜用种，叶形较宽大，叶肉较厚，味较浓。叶上气孔密度小，抗蒸腾、抗旱能力强。

图6-9　枸杞长披针形叶（左）及卵状披针形叶（右）

（4）花　花为完全花，簇生于叶腋，一般每叶腋着生2～8朵，为无限花序，也有单生的（图6-10，图6-11，图6-12）。花冠紫红色，筒状；花萼绿色，钟状；子房上位，两室。花果期，5—10月，边开花边结果，果实发育期30～40天。

图6-10　枸杞花蕾、花苞、开放的花朵

图 6-11　枸杞　图 6-12　枸杞花的开放顺序（侧枝基部向顶依次进行）
开满花的枝条

（5）果实和种子　枸杞的果实为浆果，成熟时为橙黄色、橙色或鲜红色。果形有圆果形、短果形和长果形（图 6-13）。果实具肉质果皮，味甘甜。一般每果含种子 20 ~ 50 粒，种子黄白或黄褐色，扁肾形，千粒重 0.8 ~ 1.0 克（图 6-14）。

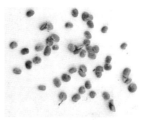

图 6-13　枸杞浆果　　　　　　　　　图 6-14　枸杞种子

2. 枸杞生长发育规律

枸杞因栽培目的不同，其生长发育周期也不相同。果用枸杞自种子发芽、幼苗生长到衰老死亡，大致可分为 5 个时期：

（1）营养生长时期　从种子萌芽生长到第一次开花结果，需 1 ~ 2 年。

（2）结果初期　从开始结果到进入大量结果阶段，需 2 ~ 3 年。这时期新枝大量发生，枝条生长势强，树冠和根系迅速扩大，果实大，结实量逐年上升。

（3）盛果期　枸杞生长的 5 ~ 30 年，此期树冠达到最大，产量最高。

（4）结果后期　枸杞生长的 30 ~ 40 年，结实量逐渐下降，新枝发生少，生长衰弱，较大主枝出现缺空。

（5）衰老期　40 年以后，树势衰败，较大主、侧枝大量枯死，根茎心腐。

如果栽培条件差，则枸杞生长缓慢，进入盛果期推迟，而衰老期提早，有的 20 年左右就开始衰败。

叶用枸杞，一般当作二年生来栽培管理，当年扦插繁殖，同季采收嫩枝叶，不让其开花结果。从扦插繁殖到嫩叶开始采收，需 50 ~ 60 天，在第一次采收结束后，经过 20 天左右，其基部产生的嫩枝叶又可采收。

枸杞在一年中的生长发育大致如下：种子在适宜的温、湿度条件下，播种后 7 ~ 10 天即可萌芽出土。从 3 月底到 4 月上旬开始放叶，4 月下旬新梢开始生长。4 月至 5 月上旬，二年生的结果枝开花现蕾，5 月底至 6 月上旬，当年结果枝开花，6 月中旬二年生结果枝果实成熟，进入采果期，到 7 月底至 8 月上旬果实采完，之后继续进行营养生长，直至秋冬季，叶片枯落，进入冬眠期。

枸杞地下根系生长也有一定的规律，早春3月中下旬吸收根开始生长，4月上中旬，根系生长迅速，进入了第一个生长旺盛期，5月下旬达到了生长高峰，以后处于正常生长状态。7月上中旬，因茎叶和果实大量生长，根系获得的养分减少，生长缓慢。7月下旬后进入秋季生长，持续一个多月，根系生长形成第二次高峰。之后随温度下降，生长日渐衰弱，直到10月下旬以后停止生长。

3. 枸杞对环境条件的要求

（1）温度　温度分地温和气温，对枸杞生长发育有着重要的影响。当地温1～2℃时，根系开始生长活动，4℃以上时，新生吸收根生长速度加快，8～14℃时，新生吸收根生长速度达到最大值。之后随着地温的继续升高，根系生长势减弱，在一年中形成春、秋两次生长高峰。

当气温达1℃以上时，树液开始流动，6℃以上，冬芽开始萌动，10℃以上，叶芽开始放叶，4月中下旬，枸杞继续放叶后进入春梢生长期，直至6月中旬气温达到20℃以上，春梢停止生长。如果早春气温回升快，萌芽、放叶和春梢生长也相应提早。7—8月气温达到33℃以上时，春季萌生叶进入落叶阶段。入秋后气温开始下降，秋梢开始生长，气温在19～23℃时生长最旺盛，气温13～19℃时，秋梢逐渐停止生长，气温12℃以下时，秋梢就完全停止生长，进入落叶期，随后进入冬季休眠。

（2）水分　枸杞虽较耐干旱，但充足的土壤水分，能使茎叶鲜嫩，产量和品质提高。有农谚说："枸杞离不得水，也见不得水。"在我国北方地区，种植枸杞常因降水量不足，需在5月进行灌水来补充土壤水分。有关研究指出，3月下旬解冻后至5月中旬灌水以前，由于水分不断失散，土壤湿度逐渐降低，吸收根平均生长长度降低。一般情况是头水灌得早，春梢旺盛生长期也相应提早。枸杞园地浸水时间较长，土壤水分过多，空气含量少，也不利于根系生长，甚至导致植株衰亡。

果实成熟期对水分需求特别多，因果实由变色至成熟的2～4天中，果径要增大1倍，在这样短促的时间里，果实快速膨大发育，水分是主要条件。但水分过多也不利于开花结实，华北地区，年平均温度11～14℃，年降水量500～700毫米，春果生长较好而且较早，夏季气温高、湿度大，果实多半成熟不良。长江流域及以南地区，气温高，雨水多，湿度大，幼果形成后易脱落，往往营养生长旺盛而结实不多。

（3）土壤 枸杞生长同土壤条件有密切关系，枸杞虽对土壤的适应范围广，但以疏松肥沃、土层深厚、排水良好、pH值在7.8～8.2的土壤为最适，对土质的要求也以轻壤土为好，过沙和过黏的土都不利于扎根。在黏重土壤上虽然养分含量高，但土体紧实，土壤的通气性较差，对枸杞根系生长不利，枝梢不易长旺，早期果实产量不高。

枸杞耐盐碱性很强，对土壤养分要求也高，并且要求土层厚度在30厘米以上。一般认为在枸杞园0～40厘米的土层内，以全氮量0.04%～0.09%、全磷量0.11%～0.28%、全钾量2%～3%、有机质0.8%～1.3%，较为理想。枸杞产量高，消耗养分多，每年需要施用大量有机肥做基肥，单株施用有机肥料一

般在 50 千克以上。

土壤的地下水位和排水性能均直接影响枸杞的生长，地下水位最好在 200 厘米以下。在春季灌水后，地下水位普遍上升，如地下水位小于 120 厘米，则枸杞的生长明显受到影响；当地下水位继续上升到 100 厘米左右时，土壤盐渍化也随之加重，枸杞植株生长衰退，果实产量下降。所以春灌以前地下水位应在 180 厘米以下，生长季节应在 150 厘米左右，这样才有利于枸杞生长。

（4）光照　枸杞是强阳性、喜光树种，生长发育要求充足的光照，生长期阳光不足或蔽荫，容易使植株结实不良或只长叶不结实。在生产中，因遮阴而使植株生长不良或成片歉收的现象是屡见不鲜的。

总体来说，枸杞在江苏的气候环境条件下，表现出喜肥也耐贫瘠、对土壤适应性强、萌蘖力强、生长迅速、病虫害少、易栽培等特点。

（二）类型与品种

1. 类型

枸杞有两个栽培种，一是宁夏枸杞，别名中宁枸杞、山枸杞，主要采收果实和根、皮作药用；二是枸杞，别名：枸杞菜、枸杞头，主要采收嫩茎叶作菜用。菜用枸杞主要有大叶枸杞和细叶枸杞两个类型（表 6-1，图 6-15，图 6-16）。

表 6-1 不同枸杞的植物学特性比较

项目	菜用枸杞		宁夏枸杞
	大叶枸杞	细叶枸杞	
株型	株高70厘米，开展度50厘米	株高90厘米，开展度55厘米	株高150厘米，开展度150~200厘米
叶的特征	叶互生，长宽8厘米×5厘米，为宽卵形，叶肉较薄，叶面绿色，味较淡，近无刺，产量较高	叶长披针形，长宽为5厘米×2厘米，互生，叶肉较厚，叶绿色，香味较浓，品质佳，叶腋具硬刺	叶片狭长披针形，叶肉较薄，味淡，叶色深绿
果形	长果形	长果形	圆果形
主要分布地	广西、广东等地	全国各地	宁夏、甘肃、天津等地

2. 品种

（1）宁杞1号 是宁夏农林科学院 1973 年从中宁原农家品种大麻叶的丰产荻园中采用单株选优方法选育，后经无性扩繁形成的无性系。1973—1987 年以大麻叶等优系为对照，在宁夏、内蒙古、新疆等地进行区域试验和生产试栽。1987 年通过成果鉴定，在宁夏、内蒙古、新疆、青海等省区广为引种，是我国枸杞的主栽品种。在生产中表现出丰产、稳产、果粒大、品质好、易制干、病虫害抗性高、管理简单等综合优势。

鲜果橙红色，果表光亮，平均单果质量 0.586 克，鲜果果形指数 2.2，果肉厚 0.14 厘米，内含种子 10~30 粒。果实鲜干比 4.4 : 1，干果色泽红润，果表有光泽。瘿螨、白粉病、根腐病抗性较强，黑果病抗性较弱、阴雨后果表易起斑点。雨后不易裂果。喜光照，耐寒、耐旱，不耐阴、湿。

此外，近年来陆续推出了宁杞 6、宁杞 7、宁杞 9 和宁杞 0901、宁杞 0909 等果实颗粒更大，含糖量高，可作鲜果食用的新品种。

（2）大叶枸杞　主产广东，生长旺，根系发达，株高可达 100 厘米以上，为落叶小灌木。茎青绿色，成熟枝条淡灰色，无刺或偶有小软刺。叶互生，为宽大卵形或长椭圆形，叶质稍厚，绿色。叶柄长 0.4 ~ 1.0 厘米，绿色或深绿色。花为合瓣花，1~4 朵簇生于叶腋，花冠呈漏斗状，淡紫色，有缘毛，花萼钟状，浆果卵形或长椭圆形，鲜红色，种子细小，扁平肾形，千粒重 1.11 克。发芽力可保存 2 年。耐寒、耐风雨，不耐热，味较淡，产量高（图 6-15）。

（3）细叶枸杞　主产于广东，生长势中等。叶嫩时绿色，收获时青褐色，叶互生，长披针形，顶端极尖，叶肉较厚，叶腋有硬刺（图 6-16）。茎有刺或无刺。嫩茎叶味浓，品质优良。

图 6-15　大叶枸杞

图6-16　细叶枸杞和大叶枸杞的叶形比较

（三）栽培技术

1. 果用枸杞栽培技术

（1）繁殖方法

① 种子繁殖　将成熟果实收获后阴干，存放于干燥冷藏室内，翌年3月下旬至5月中旬，将果实用清水浸胀后捣碎，洗去果皮、果肉选出种子，并利用比重法剔除干瘪或不饱满的种子（图6-17）。

浸种

将果实捏碎

漂洗

留下饱满的种子待播

播种床面整平整细

量少时直接撒播，量大时可与干细沙混合后撒播

用基质覆盖种子，0.5厘米即可

根据基质湿度及时适量补水，1周左右出苗

图6-17　种子繁殖操作示意图

生产上还可采用条播、穴播育苗，为防止幼苗徒长，苗高5厘米左右时，及时间苗、除草，按株行距5～6厘米留苗或分栽，并浇跑马水防止幼苗根系松动。苗高10厘米时，再进行一次间苗，按株行距10～15厘米留苗，同时根据幼苗长势，适当追施一次速效肥，常用肥为腐熟人粪尿或尿素。苗高30厘米时，将基部发生的侧枝及时除去。当株高50厘米时可打尖，根据整形要求，适当剪去部分侧枝，促使主干和留下的侧枝生长粗壮。为了防治立枯病的发生，可在播前用3‰～5‰多菌灵粉剂拌种后播种。

②扦插繁殖　枝条扦插繁殖可细分为硬枝扦插和嫩枝扦插。

硬枝扦插育苗　于春季芽萌发前，选择生长健壮无病虫害植株，剪取直径0.4厘米以上的一年生枝条，切成长10～15厘米为一段，每段上要求带有3～5个芽，枝条上端剪成平口，下端剪成斜面，将插穗的斜面一端（约2厘米）置于0.15‰的α-萘乙酸中浸泡1昼夜，于第二天扦插。扦插前，在整好的苗圃地里，按行距35～40厘米开沟，沟深15厘米。扦插时按株距10～15厘米，把处理好的插穗排放于沟内，插穗上端露出地面7～8厘米，并覆土踩实、浇水（图6-18）。或直接将插穗斜插于扦插床的基质内，上端露出7～8厘米。插后的苗圃地应保持湿润，促其发根发芽。

生产上可用珍珠岩、泥炭土、砻糠灰等混合制成扦插床的基质或用腐熟有机肥：河沙：园土=1：3：5配成扦插床的基质，为了防止插穗感染病害，应对基质进行消毒，消毒常用药剂为高锰酸钾。

图6-18 硬枝扦插育苗

　　嫩枝扦插育苗　可在立秋后进行，插穗取自徒长枝、营养枝（新梢、副梢）。插穗以较粗壮、带有 3 ~ 5 个健壮芽的为好，一般长度 8 ~ 10 厘米，留 4 ~ 6 片叶并用剪刀剪去保留叶的一半，同时摘除多余的叶片。为提高插穗的生根成活率，扦插前要进行药剂处理，生产上常用 0.8‰ ~ 1‰ 的生根粉快速处理插穗基部。扦插深度 2 ~ 3 厘米，行距 30 厘米左右，株距 7 ~ 8 厘米。因为嫩枝扦插时温度较高，枝条嫩，蒸腾量大，嫩枝伤口容易受感染，所以插穗全部插完后，最好喷 0.2% 的多菌灵加以保护，并用旧薄膜覆盖遮阴、保湿（图6-19）。

　　③ **分株繁殖**　我国北部地区，可在 11 月或翌年 3 月中旬，将母株附近萌芽发生的幼苗连根挖出，假植于沟中，至 4 月上旬定植。也可在清明后，直接挖取根蘖苗进行定植，方法简便，但繁殖系数低。

　　（2）**定植**　栽培枸杞一般选择沙质壤土或壤土、pH 值在 8以下、含盐量不超过 0.3%、灌排条件好的地块。要求在定植前深

一年生
徒长枝

二年生
枝条

剪取长 10 厘米，直径 0.4 厘米的枝条

去除下端叶片

留顶端 3 节间叶，并剪去一半

下端剪成斜口

蘸配制好的生根剂

在基质进行扦插，淋透水

图 6-19　嫩枝扦插育苗

翻，施足底肥。栽植常在 3 月下旬至 4 月上旬枸杞发芽前进行，按行株距 150 厘米 ×100 厘米开穴定植。此外，生产上也常用宽窄行密植法，宽行距 300 ~ 400 厘米，窄行距 200 ~ 300 厘米，株距 120 ~ 150 厘米。此法通风透光性好，能获得丰产，便于管理和采收果实。栽植时按上述株行距，挖直径为 30 ~ 40 厘米的定植穴，每穴用 3.5 ~ 5.0 千克腐熟有机肥和氮磷钾复合肥 150

克与细土拌匀后，垫入穴底，然后覆盖一薄层土即可定植。每穴栽苗 2 ~ 3 株，把苗放入穴中间，先覆表土、踩实、浇水，最后再覆土踏实，覆土略高于地面。幼苗成活后，选择 1 ~ 2 株生长健壮苗定苗。

（3）田间管理　枸杞的大田管理包括中耕除草、施肥、灌溉和剪枝整形等内容。

① 枸杞园每年要中耕除草 3 次，增加土壤的通透性，提高地温和保肥保水能力，促进根系、整个树木的生长发育。一般在 3 月中旬至 4 月上旬中耕一次，深度 10 ~ 15 厘米；5—7 月间，结合除草进行；8 月份再中耕一次，深度 15 ~ 20 厘米。中耕要求做到不留死角，不损伤根茎，适当加深耕层，能更好地起到除草、改善土壤结构和抑制病虫害发生的作用。

② 枸杞对肥料的需求量大，施肥时以农家肥为主，化肥为辅，氮、磷、钾三元素相配合。早春萌芽阶段，每亩施尿素 15 ~ 20 千克，穴施或根部环状施；5—6 月，结合中耕，每株每次再追施尿素 50 克，三元复合肥 50 克，施后浇一次透水；到 7 月初，追施一次饼肥和少量化肥，使植株茂盛生长，促进果实饱满；收果后，再追施一次有机肥，为枸杞苗地安全越冬和来年的结果奠定良好基础。

③ 要求用清洁、无污染的水源进行灌溉，防止果实受重金属如砷、镉、铅、汞等的污染，具体浇水可根据天气情况灵活进行。一般 4 月至 5 月初，灌水 1 ~ 2 次，保持土壤湿润。5 月以后，枸杞进入旺盛生长，15 天左右灌水一次，以促进新生枝叶的生长，多现蕾开花。6—7 月正值盛夏高温，果实生长并逐

步成熟，田间耗水量增大。因此，灌水次数也应相应增加，7~10天灌水一次。8月以后，适当灌水抗旱，使植株保持旺盛生长的趋势。对地势低洼、排水不良，特别是在雨季里，应经常注意疏通沟渠，排去积水，防止烂根，也是枸杞园丰产的一个关键问题。

④枸杞生长旺盛，发枝能力强，如不进行合理修剪，容易形成杂乱的丛生状，不便于管理，同时引起树体的早衰。为此，应经常性地对树体进行修剪。枸杞常采用"主干分层型"的剪枝整形方法，即树干定高为 1.5 ~ 2.0 米，树冠平均直径 1.6 米左右，主枝在中央呈三层分布，各层间保持一定的距离。此种树形树冠结构合理，方便管理，通风透光条件好，可通过修剪整形来调节营养生长与结果量的关系，稳产丰产。

幼树的整形 春季定植后，当苗高 0.6 ~ 1.3 米时，在距地面高约 60 厘米处将顶芽摘去，称之为剪顶定干。定干后，选留健壮且分布均匀的侧枝数条，作为骨干枝，逐步培育出三层主枝。

培养第一层主枝 定干后，在剪口下 10 ~ 20 厘米范围内发生的枝条中，选取 3 ~ 5 个分枝较为均匀的枝条，留作培养第一层树冠的主枝。当年夏秋间，将各主枝按 10 ~ 20 厘米短截；第二年，对上年选留的主枝萌发的新侧枝于 20 ~ 30 厘米处剪顶，并适当疏剪弱枝；第三年，对新发生的侧枝不再短剪，让其充实、扩大第一层树冠。

培养第二层主枝 在定植后的第二年，从主干上端选留一个直立的徒长枝，作为延伸的主干，在距地面 120 厘米处，剪去顶部。在顶部发出的侧枝中，再选留 3 ~ 5 个作为第二层树冠的主枝。

培养第三层主枝　在定植后的第三年，从第二层树冠中心（顶部）选留一个直立的徒长枝作为主干，在距地面 160 厘米处剪去顶部，在顶部发出的新侧枝中，再选留 4 ~ 5 个作为第三层树冠的主枝。

4 ~ 6 年生的幼树，主要是扩大、充实各层树冠，促使主干向粗壮生长；对于生长过密、过旺的枝条，则应加以控制，及时疏剪、打顶或短截。

成年树的整形　枸杞树 5 年后可进入大量结果阶段，春、夏、秋冬季都要坚持修剪，不断更新结果枝，达到丰产、稳产。春季剪去枯枝、老弱枝、交叉枝和根部萌蘖枝。夏季剪去多余的徒长枝、过密枝、纤弱枝和病枝，减少养分消耗。秋冬季剪去树冠顶部的徒长枝，疏去树冠内的老弱枝和主枝基部萌生的徒长枝，剪去老弱枝、横生枝、病枝、下垂枝等。总之，对枝条多的部位，徒长枝从基部疏除或重剪；对缺枝部位，徒长枝应打顶缓放形成结果枝，促发侧枝补空。做到疏密分布均匀合理，通风透光，长截短截结合，既要保证多结果，又要维护树体良好的生长势。

2. 菜用枸杞栽培技术

菜用枸杞的繁殖方法与果用的相同。菜用枸杞主要以培育嫩茎、叶为主要栽培目的。以宽高畦栽培为主，定植时株行距应适当加密，一般为 20 厘米×30 米，定植后浇透底水，在雨水多的季节应注意加强排水（图 6-20）。

图 6-20　菜用枸杞田间定植

　　菜用枸杞定植后，一般 50 ~ 60 天即可开始收获，当新枝长到 30 厘米左右时，割取顶部 10 ~ 15 厘米的嫩梢上市，留下部分继续促进生长和侧枝的萌发，当新萌发的侧枝长到 30 厘米左右时，再次收割。在采收嫩茎叶的过程中，要特别注意留足基部腋芽的数目（4 ~ 6 个），让其萌发更多的新侧条，构成一个合理的冠形空间，以便形成嫩茎叶的产量。菜用枸杞是一次栽植，多次采收，一般每亩可采收 2 000 千克。在 15 ~ 25 ℃时，新枝生长较好，在第一次采收后，一般每隔 20 天可收获一次。随着栽培条件改善，肥水充足，枝条生长更迅速，每次采收间隔期可缩短，次数增多。5 月以后，气温上升到 25 ℃以上，不利于嫩茎叶生长，应减少采收或只采摘少量嫩茎或叶片上市（图 6-21），直至停止采收，并加强管理促使植株安全越夏。

图 6-21　适时采收的枸杞嫩枝叶

137 \\\

（四）主要病虫害及其防治

病虫害防治，应认真贯彻"预防为主，综合防治"的原则，从清理园地、土壤耕作、合理密植和科学修剪整形入手，切实有效地控制病虫害发生。在农药使用方面，要严格执行农业农村部"农药使用准则"，特别是在鲜果采收期、嫩叶采摘期，一定要选用高效、低毒、低残留的化学农药和高效、低毒、无残留的生物农药，防止有机磷类、菊酯类等残留超标。

1. 主要病害及其防治

（1）炭疽病（黑果病）　黑果病主要发生在7—8月，特别是阴雨天发病率高，病害发生程度与高温、高湿呈正相关，受害的果、花、花蕾变黑。

防治方法：　一是合理密植和及时剪修，保持良好的通风透光性；及时清除植株上的病花、病果，集中烧毁。二是在雨季，做好田间排水工作，降低田间湿度；在7—8月高温期，灌水时要掌握好灌水量。三是在阴雨天前，用等量式波尔多液100倍液进行全面喷雾，提前预防。

（2）根腐病　发生在5—6月，由于田间积水时间过长和在机械耕作与铲园时造成树体根茎损伤后受镰刀菌侵染引起。

防治方法：一是加强枸杞园管理，及时排水，提高机械操作水平。在挖园除草和铲除根部徒长枝时，注意不要碰伤根部。每年翻晒园地，使根部周围耕作层得到充分曝晒。二是早期发现少数病株及时挖除，并在病穴施入石灰消毒，充分曝晒，越夏后，补植健株。三是可喷0.3 ~ 0.5度石硫合剂或2%农抗120水剂100倍液。

（3）流胶病　流胶病是枸杞枝干受机械损伤所引起的，常发生在春、夏两季。特征为树干皮层开裂，从中分泌泡沫状带黏性的黄白色胶液，有腥味。干后病部似火烧状焦黑，病因尚不清楚，但在流出胶液中发现镰刀菌，怀疑为根腐病的前兆。

防治方法：用刀将被害部位的皮层刮净，用2%硫酸铜溶液或波美5度的石硫合剂涂刷即可。

2. 主要虫害及其防治

（1）枸杞蚜　枸杞蚜在果用枸杞栽培和菜用枸杞栽培中均有发生，若蚜或成蚜多聚集在嫩叶、嫩芽上刺吸汁液，致使嫩梢呈褐色枯萎状。严重时，叶片覆盖一层油渍状分泌物，称为"油汗"，影响光合作用，使叶片早落，失去商品性，树势衰弱。

防治方法：一是秋冬季修剪下的枝条集中烧掉，以消灭越冬卵；生长期将修剪的徒长枝带出田外，消灭群集于幼嫩部位的蚜虫，降低田间虫口密度。二是危害初期及时喷药防治，用高效、广谱、低毒、无残留的生物制剂与植物制剂喷雾防治。

（2）枸杞瘿螨　主要危害枸杞叶片、嫩梢及花蕾。被害叶片上密生黄色近圆形隆起的小疱斑，严重时呈淡紫色或黑痣状虫瘿，植株生长严重受阻，造成果实、嫩茎叶产量和品质下降（图6-22）。

图6-22　枸杞瘿螨受害叶片

防治方法：一是在成螨越冬前及越冬后出蛰成螨大量出现时喷药防治，以降低害螨密度。二是掌握当地出蛰成螨外露期或出蛰成螨活动期，进行喷药防治。

（3）枸杞负泥虫

枸杞负泥虫主要危害枸杞的嫩叶及嫩梢。成虫和幼虫取食叶片，造成不规则的孔洞和缺刻，严重时叶被吃光，在枝条上排泄粪便，严重影响了枸杞的产品质量。

防治方法：一是春季越冬幼虫和成虫复苏活动时，结合田间管理灌溉、松土，破坏其越冬环境，以消灭越冬虫口。二是4月中旬越冬成虫开始活动时期，将氯氰菊酯、吡虫啉兑水施于土面，然后中耕。三是在幼苗和成虫危害期用药喷雾防治。

（五）枸杞采收与制干

1. 采收

枸杞果实从6月下旬至11月中旬陆续成熟，当果实由绿变红或橙红时，要及时进行采摘。采果必须做到轻摘、轻拿、轻放，防止捏软、挤伤果实。在采收果篮或筐内不要盛果太多，防止压烂、伤果。采果宜在上午露水干后进行，露水太大或雨后果实上水分太多都不宜采收。

2. 制干

（1）晾晒法　将采回的鲜果在果栈或竹席上，铺成厚2~3厘米的薄层，在阳光下晾晒，中午阳光过强时，应移至阴凉处。果实未干之前不宜用手翻动。果实晾晒6~7天基本干透。

（2）烘干法　采用简易烘干房、热风烘干炉或烘干机等设备烘干果实。烘干过程分 3 个阶段，第一阶段是在 40 ~ 50 ℃条件下烘烤 20 ~ 36 小时，使鲜果失水 50% 左右，果皮开始出现皱纹；第二阶段是在 45 ~ 50 ℃条件下烘烤 36 ~ 48 小时，使果实再度失水 30% ~ 40%；第三阶段是在 50 ~ 55℃条件下烘烤 24 小时，使果实干透。鲜果的折干率为（3 ~ 4）：1，亩产干果 300 千克左右。

目前研究和推广的油脂冷浸热风烘干技术和温棚全封闭制干技术，能有效防止二次污染，提高果实的质量。

3. 分级与质量要求

依据《枸杞》中华人民共和国国家标准（GB/T 18672—2014），枸杞果实质量要求分为感官指标和理化指标。

（1）感官指标　详见表 6-2。

表 6-2　枸杞果实质量感官指标

项目	等级要求			
	特优	特级	甲级	乙级
形状	类纺锤形略扁稍皱缩	类纺锤形略扁稍皱缩	类纺锤形略扁稍皱缩	类纺锤形略扁稍皱缩
杂质	不得检出	不得检出	不得检出	不得检出
色泽	果皮鲜红、紫红色或枣红色	果皮鲜红、紫红色或枣红色	果皮鲜红、紫红色或枣红色	果皮鲜红、紫红色或枣红色
滋味、气味	具有枸杞应有的滋味、气味	具有枸杞应有的滋味、气味	具有枸杞应有的滋味、气味	具有枸杞应有的滋味、气味
不完善粒质量分数/%	≤1.0	≤1.5	≤3.0	≤3.0
无使用价值颗粒	不允许有	不允许有	不允许有	不允许有

（2）理化指标　详见表6-3。

表6-3　枸杞果实质量理化指标

项目	等级及指标			
	特优	特级	甲级	乙级
粒度/（粒/50克）	≤280	≤370	≤580	≤900
枸杞多糖/（克/100克）	≥3.0	≥3.0	≥3.0	≥3.0
水分/（克/100克）	≤13.0	≤13.0	≤13.0	≤13.0
总糖（以葡萄糖计）/（克/100克）	≥45.0	≥39.8	≥24.8	≥24.8
蛋白质/（克/100克）	≥10.0	≥10.0	≥10.0	≥10.0
脂肪/（克/100克）	≤5.0	≤5.0	≤5.0	≤5.0
灰分/（克/100克）	≤6.0	≤6.0	≤6.0	≤6.0
百粒重/（克/100粒）	≥17.8	≥13.5	≥8.6	≥5.6

标志、包装、运输和贮存也应符合《枸杞》国家标准（GB/T 18672—2014）的相关要求。